酒酒球菌
β-葡萄糖苷酶的
研究与应用

Research and Application of
β-Glucosidase from Oenococcus oeni

张　杰　李鹏燕
———————— 编著

U0231482

化学工业出版社
· 北京 ·

内容简介

本书主要围绕 β-葡萄糖苷酶的酶学性质表征和催化机理研究展开。书中以酒酒球菌产 β-葡萄糖苷酶为出发点，首先分析了 β-葡萄糖苷酶之间的进化水平和同源关系，其次又通过异源表达技术得到重组 β-葡萄糖苷酶，并进一步探究了该重组酶的酶学性质、结构和催化机理，为提高 β-葡萄糖苷酶的催化效率提供了理论依据。此外，本书还以商业 β-葡萄糖苷酶作为对比，分析了重组 β-葡萄糖苷酶对赤霞珠葡萄酒品质特性的影响，拓宽了该重组酶在食品发酵工业的应用前景。

本书不仅可供食品酶学等领域科研人员与相关专业师生参考，同样也适合果酒发酵从业者阅读。

图书在版编目（CIP）数据

酒酒球菌 β-葡萄糖苷酶的研究与应用 / 张杰，李鹏燕编著． -- 北京：化学工业出版社，2024．10．
ISBN 978-7-122-30258-8

Ⅰ．TS262.6

中国国家版本馆 CIP 数据核字第 20243E4F29 号

责任编辑：张　赛　　　　　装帧设计：孙　沁
责任校对：边　涛

出版发行：化学工业出版社
　　　　　（北京市东城区青年湖南街 13 号　邮政编码 100011）
印　　装：北京天宇星印刷厂
710mm×1000mm　1/16　印张 9¾　字数 159 千字
2024 年 10 月北京第 1 版第 1 次印刷

购书咨询：010-64518888　　　售后服务：010-64518899
网　　址：http://www.cip.com.cn
凡购买本书，如有缺损质量问题，本社销售中心负责调换。

定　　价：88.00 元　　　　　　　　　版权所有　违者必究

近年来，随着现代生物技术的不断进步，尤其是生物信息学、分子生物学突飞猛进的发展，为人们深入认识酶的结构功能和催化机理提供了更多可能。

作为一种纤维素酶，β-葡萄糖苷酶广泛应用于生物质能源转化、食品和医疗等领域。在β-葡萄糖苷酶的众多来源中，微生物来源的β-葡萄糖苷酶具有产量高、价格低廉、催化效率高等优点，一直受到广大科研人员的关注。目前，研究人员已对微生物来源的β-葡萄糖苷酶作了大量研究，但这些研究主要关注于黑曲霉和酵母菌来源的β-葡萄糖苷酶，而对于乳酸菌（酒酒球菌）来源的β-葡萄糖苷酶的研究较少，关于其所产β-葡萄糖苷酶的酶学性质和催化机理也缺乏必要的阐释。

酒酒球菌（*Oenococcus oeni*）是葡萄酒发酵过程中应用最多的一类乳酸菌，除可以降低酒的酸度外，其所产的β-葡萄糖苷酶还可以将葡萄酒中糖苷键合态的香气化合物转化为游离态的香气物质，从而显著提升葡萄酒的香气水平。

为深入了解和阐释β-葡萄糖苷酶的酶学性质和催化机理，本书对酒酒球菌来源的β-葡萄糖苷酶进行了系统研究与概述。首先是酒酒球菌β-葡萄糖苷酶的同源进化分析，这对于酶的功能预测及新型β-葡萄糖苷酶资源的开发具有指导意义；其次，通过基因克隆和异源表达技术分离得到了来自酒酒球菌 SD-2a 的重组β-葡萄糖苷酶 BGL0224，研究该重组酶的酶学性质、结构和催化机理，不仅可以加深对β-葡萄糖苷酶乃至糖苷水解酶家族的认识，也可以为提高β-葡萄糖苷酶的催化效率提供理论依据；此外，以商业β-葡萄糖苷酶作为对比，分析重组β-葡萄糖苷酶 BGL0224 对赤霞珠葡萄酒品质特性的影响，拓宽了该重组酶在食品发酵工业的应用前景，对于提升我国果酒的品质具有重要意义。

为使读者获得更好的阅读体验，本书中的一些彩图以及书中提及的一些生物信息学分析工具，将以电子文档形式提供，读者可扫描下方二维码查阅。

部分工具链接　　部分彩图

编写分工方面，本书第 1 章由李鹏燕编写，第 2 ～ 7 章由张杰编写。在本书的编写过程中，西北农林科技大学樊明涛教授、河南科技大学古绍彬教授为我们提出了很多宝贵意见，在此表示感谢。

食品酶学领域科学技术发展迅速，新技术、新方法层出不穷，知识体系不断丰富更新。笔者的认识难免存在局限性，书中的疏漏和不当之处恳请读者批评指正。

编著者
2024 年 2 月

目 录

第 1 章
绪　论

1.1　β-葡萄糖苷酶简介

　　β-葡萄糖苷酶（β-D-Glucosidase，EC 3.2.1.21），属于纤维素酶类，是纤维素分解酶系中的重要组成部分，又被称作 β-D-葡萄糖苷水解酶、纤维二糖酶、龙胆二糖酶或苦杏仁苷酶。它能够水解非还原性的 β-D-葡萄糖苷键，同时释放出 β-D-葡萄糖和相应的配基。1837 年，Liebig 和 Wohler 首次在苦杏仁汁中发现了 β-葡萄糖苷酶（宛晓春 1992），而目前其已被广泛应用于生物质能源转化、食品及医药等领域。

1.1.1　β-葡萄糖苷酶的分类

　　尽管 β-葡萄糖苷酶的定义很简单，但是由于自然界中存在大量的非还原性 β-D-葡萄糖残基，除了 β-葡萄糖苷酶之外还有很多其他的糖苷水解酶也可以水解这些非还原性 β-D-葡萄糖残基，显然，以底物来对这些糖苷水解酶进行分类是不现实的。

　　为了将众多的糖苷酶区分开，国际酶学委员会（Enzyme Commission）给不同的酶分配了不同的 EC 编号。例如葡聚糖 1, 4-β-葡萄糖苷酶（EC 3.2.1.58）、葡聚糖 1, 3-β-葡萄糖苷酶（EC 3.2.1.74）等。但是，酶的编号系统十分庞杂且仅仅是对酶作了区分，并不能给出有关于酶的更多信息。针对这个问题，Henrissat 开发出了一种糖苷水解酶分类系统，该系统以酶的氨基酸序列和结构的相似性作为分类依据，在该系统中，具有总体氨基酸序列相似性和良好保守序列基序的酶被归入同一家族（Henrissat 1992），在不断更新的 Carbohydrate Active Enzyme 数据库（CAZY）中可以查询到这些糖苷水解酶家族的具体信息。截至 2021 年 1 月，CAZY 数据库中的糖苷水解酶家族数量已经达到了 168 个，更多的糖苷水解酶家族正在被发现并补充到数据库中。目前文献报道的 β-葡萄糖苷酶基本来自于其中的七个家族：糖苷水解酶第一家族（GH1），糖苷水解酶第二家族（GH2），糖苷水解酶第三家族（GH3），糖苷水解酶第五家族（GH5），糖苷水解酶第九家族（GH9），糖苷水解酶第三十家族（GH30）和糖苷水解酶第一一六家族（GH116）（Cantarel et al. 2009；Davies 1997）。另外，也有少量的 β-葡萄糖苷酶并不属于任何糖苷水解酶家族，例如来自于人体胆汁酸中的 β-葡萄糖苷酶 GBA2（Opassiri et al. 2007）。

1.1.2 β-葡萄糖苷酶的理化性质

1.1.2.1 分子质量

β-葡萄糖苷酶属于生物大分子类物质，其分子质量在 10 ～ 300 kDa 之间。一般来说，由于结构和组成上的较大差异，来源不同的 β-葡萄糖苷酶的分子质量差异很大。例如，一株来源于甲基营养型巴斯德毕赤酵母的 β-葡萄糖苷酶，一般由四个相同的亚基组成，该酶整体的分子质量达到了 275 kDa（Turan et al. 2005）；苏丽娟等（2020）通过异源表达的方法得到了一种来源于近暗散白蚁的 β-葡萄糖苷酶，其分子质量为 57 kDa；一种来源于佛手瓜归属于糖苷水解酶第一家族的 β-葡萄糖苷酶的分子质量为 116 kDa（Espindola et al. 2015）。除此之外，还存在某些 β-葡萄糖苷酶，即使它们来源于同一生物体，分子质量也并不完全相同。因为 β-葡萄糖苷酶有胞内酶和胞外酶之分，有些微生物体中同时含有胞内的 β-葡萄糖苷酶和胞外的 β-葡萄糖苷酶，这就导致了某些来源于同一菌株的 β-葡萄糖苷酶实际上是两种不同的 β-葡萄糖苷酶，因此它们的分子质量也会存在一定差异。

1.1.2.2 最适温度及热稳定性

研究表明，β-葡萄糖苷酶的最适催化温度分布范围较广，基本在 40 ～ 110℃之间。与纤维素酶系中的其他酶相比，大多数的 β-葡萄糖苷酶的最适催化温度都比较高，集中在 50 ～ 70℃，热稳定性也较好。一般来说，来源于古细菌的 β-葡萄糖苷酶最适温度最高，其次是来源于植物和普通微生物的 β-葡萄糖苷酶，而来源于动物的 β-葡萄糖苷酶的最适温度较低（杨晓宽 2012）。在实际的工业应用中，β-葡萄糖苷酶的热稳定性越好，说明其在高温环境下的持续催化能力越强，越有利于工业生产。因此，挖掘更多热稳定性较好的 β-葡萄糖苷酶具有深远的意义（Srivastava et al. 2019）。

1.1.2.3　最适 pH 及 pH 稳定性

β-葡萄糖苷酶属于酸性蛋白，最适 pH 一般都在酸性范围内，且变化不大，集中在 3.5 ～ 5.5 之间。当然，也有极少量的 β-葡萄糖苷酶的最适 pH 会超过 7.0，例如一种来自巴伦葛兹类芽孢杆菌的 β-葡萄糖苷酶在 pH 为 7.5 时表现出最高的催化活性（黄平等 2019）。

1.1.3　β-葡萄糖苷酶酶活性的测定方法

目前，β-葡萄糖苷酶酶活性的测定方法基本上可以总结为以下几类。

1.1.3.1　分光光度法

分光光度法，也称 Barush 和 Swiain 法。该方法以水杨苷作为底物，通过 β-葡萄糖苷酶将水杨苷裂解得到酶解产物水杨醇和葡萄糖，其中水杨醇用 4-氨基安替比林显色后可以通过分光光度法测定其含量，进而通过产物的量计算酶的活性；或者对另一种酶解产物葡萄糖用 DNS 试剂显色后进行比色测定；也可用熊果苷作为底物，对产生的葡萄糖用碘量法加以测定。该方法的局限性在于其测定的是经 β-葡萄糖苷酶水解底物后产生的极微量的葡萄糖的含量，反应容易受到干扰，而且检测的灵敏度较低（李华等 2007）。

1.1.3.2　荧光法

该方法用 4-甲基伞形酮 β-D-葡萄糖苷作为底物，在 β-葡萄糖苷酶的作用下专一地分解为 4-甲基伞形酮，然后利用 4-甲基伞形酮强烈的荧光特性，通过测定酶解后的 4-甲基伞形酮的荧光强度来计算 β-葡萄糖苷酶活性。荧光法检测速度快、灵敏度高，最初被用来检测酶含量较低的高等动物组织中的 β-葡萄糖苷酶活性（李爱华等 2018）。但是该方法也具有一定的局限性，即实验过程中操作复杂，且重现性不好，因此无法广泛推广。

1.1.3.3　比色法

比色法是以对硝基苯基 β-D-吡喃葡萄糖苷（p-NPG）为底物进行酶解，底物水解后释放出来的对硝基苯酚（p-NP）在碱性环境中显示黄色，在 400 ～ 420 nm 的可见光范围内有特征吸收峰，可以直接在 400 ～ 420 nm 之间比色测定。该方法操作简单快速、灵敏度高、重现性好，在众多的 β-葡萄糖苷酶活性测定方法中应用最为普遍。但是由于不同来源的 β-葡萄糖苷酶的理化性质有所差异，其检测条件并不完全一致，在实际测定中可以从底物浓度、反应温度、反应时间、缓冲液 pH 以及最佳吸收波长等几个方面对检测条件进行优化（关尚玮等 2020）。

1.1.3.4 京尼平苷底物法

京尼平苷底物法是一种以京尼平苷为底物检测 β-葡萄糖苷酶活性的方法。其原理是京尼平苷在 β-葡萄糖苷酶的酶解作用下生成酶解产物京尼平，京尼平与氨基酸反应后会显示蓝色，在 590 nm 处有特征吸收峰。利用该方法测定的 β-葡萄糖苷酶活性在 0.05～1 U/mL 的范围内呈稳定的线性关系，最低检出限为 0.02 U/mL。该方法与上述提到的以 p-NPG 为底物的比色法相比，精密度和准确度较好，结果稳定，但是灵敏度较低（梁华正等 2006）。

1.1.4　β-葡萄糖苷酶的结构与功能

尽管每个 β-葡萄糖苷酶都具有其独特的结构，但是同一糖苷水解酶家族中 β-葡萄糖苷酶活性结构域的折叠状态是相似的。目前，在 PDB 蛋白数据库中可以检索到 162 种 β-葡萄糖苷酶的 X 射线晶体结构，表 1-1 展示了不同糖苷水解酶家族中 β-葡萄糖苷酶的三级结构模型，可以帮助我们更直观地了解 β-葡萄糖苷酶的高级结构与功能之间的关系。

GH1、GH2、GH5 和 GH30 这四个糖苷水解酶家族都隶属于 GH-A 宗族，它们都具有相似的（β/α）$_8$ 桶状结构域，酶的活性位点就包含其中。以 GH1 家族中的 β-葡萄糖苷酶为例，酶的活性位点是位于第 4 位和第 7 位 β-折叠上的两个保守的氨基酸残基，其中一个作为质子供体，另一个作为亲核基团发挥催化作用。GH1 家族中 β-葡萄糖苷酶氨基酸链的长度和亚基的数量各不相同，主要与其辅助结构域和冗余结构域有关。尽管氨基酸链的长度不尽相同，但是它们的催化结构域大都分布在第 440～550 个氨基酸残基之间，具体位置取决于（β/α）$_8$ 桶状结构域中 β-折叠末端的可变环的长度。

另外，β-葡萄糖苷酶单体之间还会形成更高级的四级结构，包括二聚体、四聚体、六聚体和八聚体等。

表 1-1　不同糖苷水解酶家族中 β-葡萄糖苷酶的三级结构模型

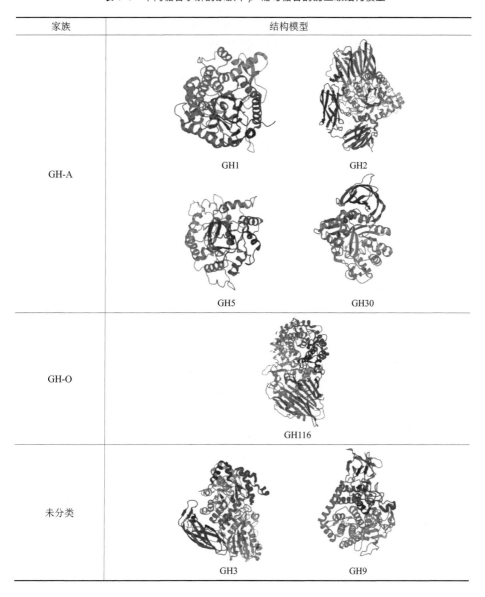

家族	结构模型
GH-A	GH1　GH2 GH5　GH30
GH-O	GH116
未分类	GH3　GH9

来自 GH3 家族的 β-葡萄糖苷酶由于其进化的复杂性导致了结构的多样性，一般来说，GH3 家族的 β-葡萄糖苷酶普遍具有两个活性结构域，一个就是上述 GH-A 宗族中的酶所具有的 $(\beta/\alpha)_8$ 桶状结构域，另外一个是 $(\alpha/\beta)_6$ 三明治状结构域（因其夹杂在 6 个 β-折叠和 3 个 α 螺旋之间呈三明治状而得名），这两个活性结构域各自贡献一个氨基酸残基作为酶的活性位点。来自大麦的糖苷水解酶

Exo Ⅰ是 GH3 家族中第一个被结构鉴定的蛋白，Exo Ⅰ就具有典型的双结构域，它的活性位点分别是位于（β/α)$_8$桶状结构域中的 D285 天冬氨酸残基以及位于（α/β)$_6$三明治状结构域中的 E491 谷氨酸残基（Hrmova et al. 2001）。

作为通过疏水聚类分析进行分类的首个糖苷水解酶家族，GH9 家族之前被称为"纤维素酶家族 E"。由于该家族的大多数酶都是糖苷内切酶，因此只有少数的 GH9 蛋白被证实是 *β*-葡萄糖苷酶（Qi et al. 2008；Gilkes et al. 1991）。GH9 糖苷水解酶家族具有（α/α)$_6$桶状结构域，其中的 *β*-葡萄糖苷酶被证明是通过反转机制起催化作用，不同的是，到目前为止所报道的所有其他家族的 *β*-葡萄糖苷酶都是通过保留机制起催化作用（Matthew et al. 2019）。GH116 家族的糖苷水解酶属于 GH-O 宗族，与 GH9 家族一样，该家族的糖苷水解酶也具有（α/α)$_6$桶状结构域。到目前为止，只有一个 GH116 家族中的 *β*-葡萄糖苷酶进行了结构鉴定，该酶来自解热木杆菌，氨基酸序列中含有 806 个氨基酸残基，表观分子质量为 90 kDa（Sansenya et al. 2015）。

1.1.5 *β*-葡萄糖苷酶的一般催化机制

如图 1-1 所示，*β*-葡萄糖苷酶的催化机制有两种，一种是反转机制，另一种是保留机制，这两种机制中都有一对羧酸亲核氨基酸残基的参与，通常在糖基的两侧。在保留机制中这两个氨基酸残基相距约 5 Å，在反转机制中相距约 10 Å 并且水分子必须存在于起催化作用的氨基酸残基和底物之间。GH9 家族的 *β*-葡萄糖苷酶利用的是反转催化机制，该机制为一步法催化，即活化的水分子直接对异头碳进行亲核攻击以取代糖苷配基，另一个氨基酸残基则作为质子供体为糖苷键的断裂提供质子，使游离的糖苷配基质子化，催化作用完成后，产物葡萄糖异头碳的构象发生反转，由催化前的 *β* 型变为 *α* 型（Kundu 2019）。

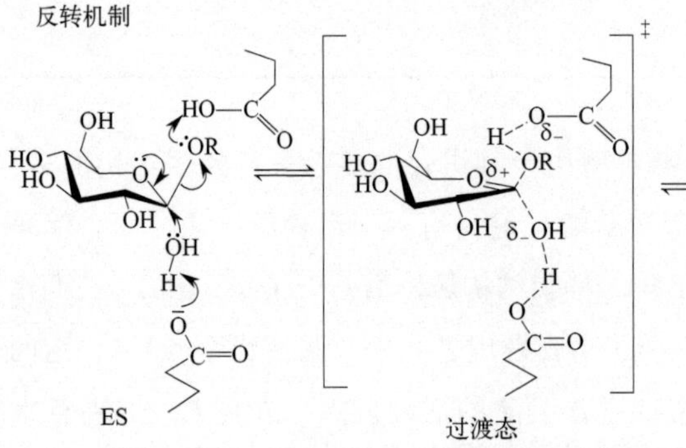

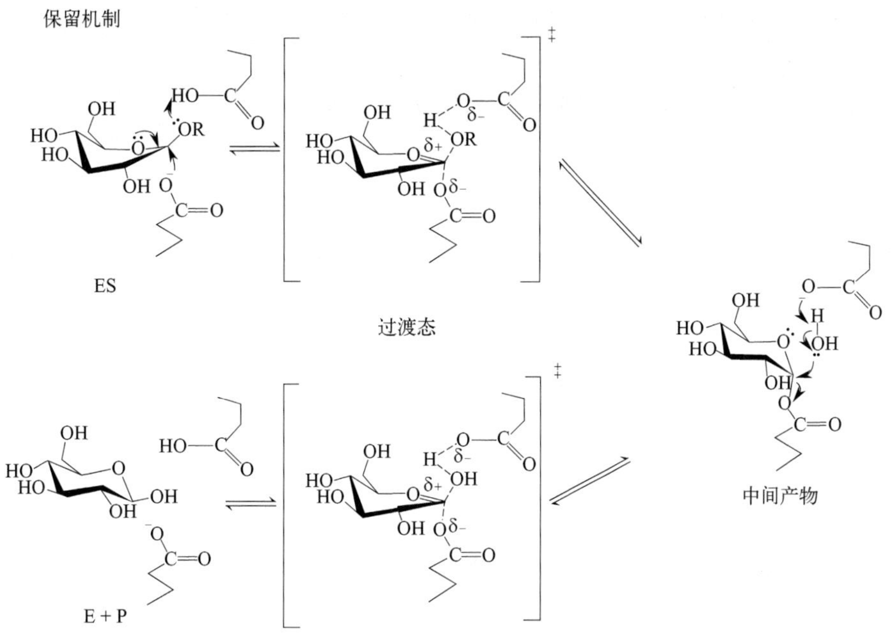

保留机制

图 1-1　β-葡萄糖苷酶的催化机制（Cairns et al. 2010）

其他家族（GH1、GH2、GH3、GH5、GH30 和 GH116）的 β-葡萄糖苷酶利用的则是保留催化机制，该机制分为糖基化和去糖基化两个步骤。在第一步糖基化过程中，β-葡萄糖苷酶识别底物分子后，酶上的一个氨基酸残基作为亲核试剂首先进攻底物分子糖苷键上的异头碳中心，同时，另一个氨基酸残基作为质子供体为底物分子糖苷键上的氧原子提供质子形成氢键，从而形成酶-糖基共价糖苷中间体，并且在这一步中糖基分子上异头碳的构型发生翻转，由 β 型变为 α 型。第二步去糖基化过程与第一步相反，酶-糖基共价糖苷中间体被分解，之前失去质子的氨基酸残基现在作为碱催化剂对水分子进攻并夺取一个氢原子，水分子上剩余的活性羟基氧则亲核进攻酶-糖基共价糖苷中间体上的共价键，取代亲核残基并释放出糖基部分，这一过程使糖基分子异头碳的构型再次翻转，由 α 型变回 β 型。两个步骤完成后，反应的最终结果是产物葡萄糖的异头碳构象没有发生改变，两个起催化作用的氨基酸残基恢复到原始状态，再次参与新的催化过程，以此循环往复（Sanaullah et al. 2016；Bauer et al. 1998）。

值得注意的是，有研究预测在保留机制中去除了酸／碱或亲核试剂的这些 β-葡萄糖苷酶的突变体可以用于转糖基化过程，这也为探究酸／碱氨基酸残基和亲核突变体在糖基合成中的潜在用途提供了思路（Jeng et al. 2012）。

1.2　不同来源的 *β*-葡萄糖苷酶研究进展

　　β-葡萄糖苷酶在自然界中分布广泛，它的来源概括起来主要有三类：动物、植物和微生物。来自动物的 *β*-葡萄糖苷酶的研究主要以哺乳动物和昆虫来源居多；关于植物来源 *β*-葡萄糖苷酶的研究范围很大，基本涵盖了包括拟南芥、柑橘、大豆、水稻、茶鲜叶等在内的大部分植物体；微生物来源中，霉菌、酵母菌、细菌等来源的 *β*-葡萄糖苷酶则是研究的重点。总体而言，虽然 *β*-葡萄糖苷酶的来源广泛，种类多种多样，但是当下的研究热点更多集中在微生物来源的 *β*-葡萄糖苷酶。

1.2.1　动物来源的 *β*-葡萄糖苷酶

1.2.1.1　哺乳动物来源

　　来自哺乳动物的 *β*-葡萄糖苷酶主要有以下几种：GH1 家族的细胞质 *β*-葡萄糖苷酶（CBG）和乳糖-根皮苷水解酶（LPH）；GH30 家族的人源酸性 *β*-葡萄糖苷酶（GBA1）；胆汁酸 *β*-葡萄糖苷酶（GBA2）。研究表明，这些 *β*-葡萄糖苷酶在动物的糖脂和膳食糖苷代谢中起作用。另外，还有一些来自 GH1 家族的 *β*-葡萄糖苷酶被认为具有信号传导的功能。

　　细胞质 *β*-葡萄糖苷酶（CBG）因其广泛特异性已经被研究了几十年。研究发现，在肝脏上皮细胞中含有大量的 CBG，并且已证明它能高效地水解植物来源的类黄酮苷，例如酚、嘧啶和氰基糖苷等，这暗示着它可能参与了其他生物的初级代谢过程，但是这一假说仍需要使用纯化的酶来检验（Jean-Guy et al. 2003）。

　　乳糖-根皮苷水解酶（LPH）是一种参与食物消化的肠道水解酶，对外源的葡萄糖苷例如根皮苷等均具有 *β*-葡萄糖苷酶活性。LPH 的前体蛋白由四个 GH1 家族的保守结构域组成，其中的两个在成熟过程中被除去，剩下的 LPH3 和 LPH4 保守结构域则通过 C 端的跨膜区与小肠上皮细胞结合，在 LPH3 结构域中含有 *β*-葡萄糖苷酶的活性位点，在 LPH4 结构域中则含有乳糖酶的活性位点，因此该酶的缺乏也会导致人类最常见的酶缺乏症——乳糖不耐症（Diekmann et al. 2017）。

哺乳动物来源的 β-葡萄糖苷酶中被研究最多的是人源酸性 β-葡萄糖苷酶（GBA1），也被称作葡萄糖基神经酰胺酶。该酶的缺乏会导致葡糖脑苷脂沉积病，即戈谢病（Gaucher disease），由于编码 GBA1 的基因发生突变导致酶的功能缺陷，葡糖脑苷脂不能分解为半乳糖脑苷脂和 N-酰基鞘氨醇，因此葡糖脑苷脂在单核巨噬细胞系统各个器官中大量沉积，引起组织细胞大量增殖，进而导致肝、脾肿大或一些神经系统症状（Parmeggiani et al. 2015；Dvir et al. 2003）。

通过免疫荧光法可以得知胆汁酸 β-葡萄糖苷酶（GBA2）与肝脏微粒体相关功能有关，进一步的动物实验研究发现，当小鼠体内编码 GBA2 的基因被敲除后，其体内胆汁酸的含量并没有明显变化。但是有趣的是，在睾丸细胞中会累积大量的葡萄糖神经酰胺，导致精子圆头化，降低了小鼠的生育能力，这也说明 GBA2 参与了动物体的糖脂代谢过程（Yildiz et al. 2006）。

1.2.1.2　昆虫来源

作为被研究最多的昆虫之一，果蝇的基因组中只有一个 GH1 家族的基因，这表明在昆虫的早期进化过程中并没有将糖苷水解酶家族的基因进行扩展，但是这并不代表昆虫不需要 β-葡萄糖苷酶。近年来，科学家们从一些以植物为食的昆虫例如卷心菜蚜虫的幼虫体内分离出了具有消化性的 GH1 家族 β-葡萄糖苷酶，这种 β-葡萄糖苷酶的主要作用是帮助昆虫分解从植物体中获取的糖苷，例如纤维二糖苷、龙胆二糖苷和苦杏仁苷等，并进一步吸收利用（Mika et al. 2008）。这种 β-葡萄糖苷酶与黑芥子酶（一种广泛存在于十字花科植物中的硫代葡萄糖苷酶）的氨基酸序列高度相似（Zhou et al. 2015），与前面提到的来自动物的 LPH 的氨基酸序列也较为相似，这表明了一种潜在的进化关系，即昆虫和动物中 GH1 家族的 β-葡萄糖苷酶基因是由植物中 GH1 家族的同一个 β-葡萄糖苷酶基因进化而来，该基因的进化满足了草食性昆虫在与植物防御系统的斗争中吸取植物体养分的需求（Marana et al. 2001）。

1.2.2　植物来源的 β-葡萄糖苷酶

与动物相比，植物来源的 β-葡萄糖苷酶更为普遍，它几乎存在于所有植物体中，而且在种子、果实、根、茎、叶和花等部位都有分布。植物中的 β-葡萄糖苷酶大部分属于 GH1 家族，还有一部分属于 GH3 和 GH5 家族。以拟南芥和水稻为代表，这两种植物体中 GH1 家族的 β-葡萄糖苷酶基因个数分别是 48 个和 40 个，

这些 β-葡萄糖苷酶大多彼此密切相关（Opassiri et al. 2006；Xu et al. 2004）。关于这些酶的研究主要集中在其生物学功能上，例如防御与共生、细胞壁代谢与木质化、植物激素激活和次生代谢等，以及其他一些受胁迫条件诱导的 β-葡萄糖苷酶（Roepke et al. 2015；Pentzold et al. 2014）。当然，酶的底物特异性、组织和亚细胞定位以及它们与底物的作用环境等仍然是这些 β-葡萄糖苷酶在植物体中发挥功能的先决条件。

1.2.2.1　防御与共生

很早就有研究发现，一些植物糖苷中含有有毒化合物，例如一些氰化物和醛，β-葡萄糖苷酶的作用就是催化这些糖苷而将有毒物质释放出来。这些有毒物质大都储存在液泡中，而部分以这些植物为食的昆虫已经适应了这些有毒物质，并将其"为己所用"，使其成为自身防御的"武器"（Morant et al. 2008；Poulton 1990；Niemeyer 1988）。在防御型的 β-葡萄糖苷酶中，研究最多的是 AtBGLU26，它可以防止根系过度生长并触发防御反应，该酶已经被证实在拟南芥预防真菌的侵害中至关重要（Nakano et al. 2017）。另一方面，植物细胞受到破坏后，防御型的 β-葡萄糖苷酶可以精确定位损伤部位，从而保证有毒化合物的最大释放。显然，内生真菌与植物建立共生关系也需要 β-葡萄糖苷酶介导的防御作用（Ahn et al. 2010；Nagano et al. 2008）。当下，来自植物细胞不同区室的各种防御性 β-葡萄糖苷酶与其他因子之间的相互作用机制也是研究的热点和导向（Kittur et al. 2006）。

1.2.2.2　细胞壁生长代谢

植物细胞壁是自然界中最大的碳水化合物存储库，这些碳水化合物大部分是由 β-糖苷键连接的葡萄糖残基，因此 β-葡萄糖苷酶在细胞壁的发育中发挥着重要作用。研究表明，β-葡萄糖苷酶可以降解细胞壁更新所产生的寡糖，使其糖苷键断裂并释放单木酚，以促进细胞壁的木质化，提高细胞壁的稳定性（Scattino et al. 2016；Marcinowsdki et al. 2010）。近年来，已经发现了几种可以水解细胞壁衍生寡糖的 β-葡萄糖苷酶。例如，发芽的大麦幼苗中的 β-葡萄糖苷酶表现出对 β-1, 3-糖苷键和 β-1, 4-糖苷键连接的寡糖的活性，而且由于甘露寡糖大量存在于大麦胚乳组织细胞的细胞壁中，该酶对甘露糖苷表现出更大的偏爱（Hrmova 2006）；水稻幼苗中的 β-葡萄糖苷酶 Os3BGlu7、Os3BGlu8 和 Os7BGlu26 等也被证明可以水解纤维素糖苷，而且它们也可以水解其他植物来源的糖苷，因此推断

这些 β-葡萄糖苷酶在水稻的生长发育中也可能发挥其他作用（Pengthaisong et al. 2015）。

1.2.2.3 植物激素激活

在植物中发现了许多植物激素类的葡萄糖苷，关于它们的研究一直存在争议。一些研究者认为，这些葡萄糖苷是没有生物活性的，而另外一些研究者则指出这些葡萄糖苷只是一种存储状态，它们可以被特定的 β-葡萄糖苷酶轻易激活，越来越多的研究更倾向于支持后者（Cairns et al. 2015）。例如，部分纯化的稻米 β-葡萄糖苷酶可水解赤霉素葡萄糖苷（Willibald et al. 1984）；玉米 β-葡萄糖苷酶 ZmGlu1 可在体外水解并激活细胞分裂素葡萄糖苷（Brzobohaty et al. 1993）；脱落酸葡萄糖基酯（ABA-GE）在从根部运输到叶片的过程中可以被叶片中的胞外 β-葡萄糖苷酶水解，尽管该酶的性质尚未确定，但是这可能是 β-葡萄糖苷酶在植物激素激活作用的最直接证明，也间接表明了其他植物激素类的葡萄糖苷也可以作为一种存储形式被 β-葡萄糖苷酶激活（Palaniyandi et al. 2015；Dietz et al. 2000）。

1.2.2.4 参与次级代谢

植物的次级代谢对维持生物体的正常生长有着重要作用。研究表明，生物碱（一种次级代谢产物）中间体豆糖苷可以被特定的细胞质 β-葡萄糖苷酶水解，从而形成各种单萜生物碱，目前已经从多种植物中鉴定得到了具有这种功能的 β-葡萄糖苷酶，这些研究无疑拓展了 β-葡萄糖苷酶在植物次级代谢生理过程中的作用（Barleben et al. 2007；Warzecha et al. 2000）。另外，β-葡萄糖苷酶分解作用还可以释放葡萄糖基封闭基团，这些基团可以进一步代谢形成各种天然产物，这对于研究植物的药用价值意义重大（Taiji et al. 2008）。

1.2.3 微生物来源的 β-葡萄糖苷酶

微生物来源的 β-葡萄糖苷酶具有产量高、价格低廉、催化效率高等优点，一直受到广大科研人员的关注。与动物和植物来源的 β-葡萄糖苷酶不同的是，关于微生物来源 β-葡萄糖苷酶的研究很少关注其对微生物自身内源功能的影响，而是主要集中在对其工业应用前景的开发。其中，来源于黑曲霉、酵母菌以及细菌的 β-葡萄糖苷酶更是研究的热点，表 1-2 中统计了一些微生物所产 β-葡萄糖苷酶的活性。

表 1-2　各种微生物所产 β-葡萄糖苷酶的活性

微生物菌株名称	生理条件			酶活性 (IU/mL)	参考文献
	温度	pH	底物		
Trichoderma atroviridae TUB F-1505	30℃	6.2	Steam pretreated willow	5.3	Kovacs et al. 2008
Bacillus halodurans C-125	45℃	8.0	Luria broth LB media	95	Naz et al. 2010
Aspergillus protuberus	30℃	3.0	Rice husk	26.06 IU/g	Yadav et al. 2016
Aspergillus niger	30℃	5.0	Glycerol+methanol	129	Xia et al. 2018
Candida peltata NRRL Y-6888	50℃	5.0	Glucose+xylose+sucros+ maltose+arabinose	1.5	Saha et al. 1996
Bacillus licheniformis	60℃	7.0	Glucose+ sucrose	45.44	Yao et al. 2016
Penicillium oxalicum	30℃	—	Microcrystalline cellulose	150	Mendez-Liter et al. 2018
Penicillium piceum	55℃	5.0	Avicel	53.12	Dillon et al. 2011
Micrococcus antarcticus	25℃	6.5	Cellobiose	289	Fan et al. 2011
Bacillus subtilis CCMA-0087	36℃	3.64	Coffee pulp	22.59	Dias et al. 2016
Aspergillus niger 和 *Aspergillus oryzae*	28℃	—	Sugarcane bagasse	814 IU/g	El-Deen et al. 2014
Lichtheimia ramosa	32℃	—	Flaxseed	3.54	Chenhui et al.2019
Aspergillus flavus ITCC 7680	32℃	4.8	Pretreated cotton stalk	96 IU/g	Singh et al. 2017
Oenococcus oeni 31MBR	45℃	5.0	*p*-NPG	14 IU/g	Dong et al. 2014
Oenococcus oeni SD-2a	50℃	5.0	*p*-NPG	18 IU/g	Li et al. 2020

1.2.3.1　黑曲霉来源

对黑曲霉产 β-葡萄糖苷酶的研究主要跟纤维素降解有关。纤维素作为地球上最为丰富的可再生资源，是植物光合作用的主要多糖类产物，然而，目前大约80% 的纤维素并未被开发利用，具有极为广阔的开发前景（Zhang et al. 2016）。黑曲霉来源的 β-葡萄糖苷酶可以高效地降解纤维素，并且不会对环境造成污染，具有重要的研究意义。图 1-2 展示的是纤维素酶系中的各种酶在纤维素水解过程中的协同作用。

实际上，很早之前关于纤维素酶生产菌株的研究，绝大部分集中于纤维素酶系齐全的曲霉属和木霉属菌株上，但是更深入的研究发现，一方面木霉属菌株发酵产物中存在多种真菌毒素，有毒性嫌疑；另一方面，其所产纤维素酶尤其是β-葡萄糖苷酶的活力很低，影响反应效率，限制了其应用范围（Lin et al. 2010；Berghem et al. 1974）。黑曲霉不产生毒素，是公认的安全微生物，且黑曲霉所产纤维素酶系中β-葡萄糖苷酶的活力较高，所以对纤维素酶生产菌株的研究逐渐偏重于黑曲霉，尤其是分子改造上（Cairns et al. 2010）。例如，通过诱变黑曲霉抗

性突变体的胞外 β-葡萄糖苷酶基因，酶的理化性质如温度、pH 等没有明显改变，但是其所产 β-葡萄糖苷酶对纤维二糖的水解效率显著提高，并且热稳定更好，这表明定向进化或随机诱变对于提高黑曲霉产 β-葡萄糖苷酶的催化效率是一种行之有效的方法（Javed et al. 2018）。

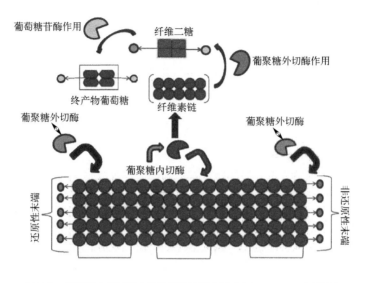

图 1-2   纤维素水解过程中各种酶的协同作用（Srivastava et al. 2019）

1.2.3.2   酵母来源

酵母菌具有良好的发酵特性，因此，关于酵母来源 β-葡萄糖苷酶的研究以食品工业居多。其中一部分研究致力于筛选和培育高 β-葡萄糖苷酶活性的酵母菌株，例如，Hu 在一株有孢汉逊酵母菌株内发现了具有极高活性的 β-葡萄糖苷酶，后续研究表明该酶可在模拟酒中稳定存在，而且基本不受葡萄糖的抑制（Hu et al. 2018）；也有研究人员将 *Saccharomyces cerevisiae*、*Saccharomyces uvarum* 和 *Saccharomyces kudriavzevii* 这三种酵母之间进行杂交，得到了一株具备高 β-葡萄糖苷酶活性的三倍体酵母（Gamero et al. 2011）。另外一部分研究则专注于对酵母所产的 β-葡萄糖苷酶进行半理性化设计，包括对基因的改造和定向筛选等，这对于 β-葡萄糖苷酶的功能开发有着巨大的推动作用（Fang et al. 2016；Packer et al. 2015）。

值得一提的是，随着分子生物学的飞速发展，很多其他微生物来源的 β-葡萄糖苷酶已可通过异源表达的方式大量获得，而巴斯德毕赤酵母表达系统就是其中最常用的表达系统，该系统是近年来发展起来的一种真核表达系统，与其他的表达系统相比，巴斯德毕赤酵母表达系统更加安全、表达水平更高、成本更低，在食品工业的应用中具有明显的优势，可以说是目前最为成功的外源蛋白表达系统之一（Idiris et al. 2010；Villatte et al. 2001）。

1.2.3.3 细菌来源

产 β-葡萄糖苷酶的细菌主要来自芽孢杆菌属，其所产 β-葡萄糖苷酶对大豆异黄酮的高效水解一直是研究的重点。大豆异黄酮是一种黄酮类物质，其结构与雌激素类似，在大豆中，异黄酮的含量一般为 1200 ～ 4200 mg/kg。动物体摄入一定量的大豆异黄酮，可以促进动物生长、提高蛋白质合成率和瘦肉率（Yu et al. 2012；Pierluigi et al. 2006）。目前所知的大豆异黄酮共 12 种，包括 3 种游离型异黄酮苷元（黄豆黄素、黄豆苷元和染料木黄酮）和以 β-糖苷键连接的 9 种结合型异黄酮糖苷，且结合型异黄酮糖苷占大部分。但是结合型糖苷不能直接被小肠壁吸收，必须将其转化为游离态的大豆异黄酮才能发挥其生物学功能（Xue et al. 2009；Qian et al. 2009）。因此，在动物饲料中添加 β-葡萄糖苷酶，可以提升动物肠道内大豆异黄酮的转化效率，减少未经利用的大豆异黄酮的排出量，提高饲料利用率。

乳酸菌来源的 β-葡萄糖苷酶的研究也是很重要的一部分，乳酸菌是应用最多的益生菌之一，其数量相当庞杂，至少可分为 18 个属，200 多个种。其中绝大部分乳酸菌都是人体内必不可少且具有重要生理功能的菌群，因此，从健康价值角度考量，对乳酸菌来源 β-葡萄糖苷酶的研究有着更为深远的意义。同酵母菌类似，乳酸菌的发酵特性使其在食品和保健品行业应用广泛，例如，高产 β-葡萄糖苷酶的乳酸菌可以在小麦基质面团中生长并具有产酶活性，将其应用于面包的制作中，可以有效改善面包的比容、质构、抗氧化、风味等烘焙特性（Sakac et al. 2011）；使用高 β-葡萄糖苷酶活性的乳酸菌发酵果酒，可以有效提高果酒中游离态萜烯类香气物质的含量，改善果酒的风味（Gagne et al. 2015）。

1.3 β-葡萄糖苷酶在食品工业中的应用

β-葡萄糖苷酶和食品工业的关系十分密切，主要原因就是其对糖苷类香气物质的水解作用，挥发性芳香族糖苷配基化合物的酶促释放取决于糖苷物质的结构。对于单糖苷，酶促水解仅需要内切或外切β-葡萄糖苷酶的作用，从β-D-葡萄糖分子中释放出芳香族糖苷配基。对于二糖苷，除了双葡萄糖苷外，其余糖苷类香气物质的酶促水解需要经历两步完成（如图1-3所示）。该过程的第一步是外切型糖苷酶，例如α-阿拉伯呋喃糖苷酶、α-阿拉伯吡喃糖苷酶、α-鼠李糖苷酶等破坏糖间键合，然后第二步在β-葡萄糖苷酶的作用下从β-D-葡萄糖中释放出挥发性的香气化合物（Zhou et al. 2017；Zhou et al. 2012；Sarry et al. 2004）。由此可见，β-葡萄糖苷酶在糖苷类香气物质的酶解过程中十分重要且必不可少。

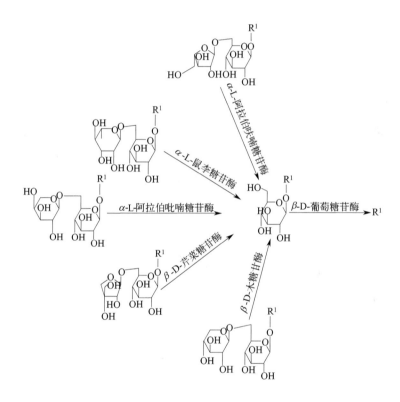

图1-3　二糖苷的两步酶促水解过程（Liang et al. 2020）

在某些情况下，糖苷的水解还需要一些特殊的外部条件，例如温度和pH值，以促进酶解后芳香族化合物的释放。如图1-4所示，在萜烯多元醇糖苷水解为萜烯多元醇后，需要高温和酸性条件才能将非芳香的萜烯多元醇转化为单萜香气；另一个例子是β-大马烯酮的形成，异戊二烯类糖苷被β-葡萄糖苷酶水解产生无味的前体物质，然后需要进一步酸作用后才可以产生有挥发性香味的β-大马烯酮

（Kinoshita et al. 2010；Vasserot et al. 1995）。

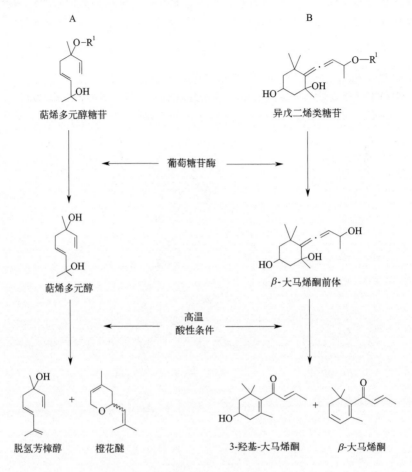

图1-4 不同糖苷的水解过程（Liang et al. 2020）
A—由萜烯多元醇糖苷形成单萜烯；B—由类异戊二烯类糖苷形成 β-大马烯酮

1.3.1 茶叶增香

香气是茶叶重要的品质特征之一，也是评价茶叶质量的重要指标，占到评估系数的20%～30%（Zhou et al. 2016）。目前，茶叶中已知的芳香物质超过700种，主要包括醇类、酯类、酮类、醛类、酚类和杂环化合物等几大类。一般来说，茶叶香气的形成包括以下四个途径：由儿茶素氧化引起的 β-胡萝卜素等物质氧化、降解，生成 β-紫罗酮及相关香气；由氨基酸与糖类发生美拉德反应，生成吡嗪、糠醛类等物质，或者氨基酸直接脱羧和氧化脱氨转化为相应的醛类；由脂肪酸过氧化、降解生成醇、醛类香气物质；糖苷类香气前体物质在 β-葡萄糖苷酶的作用下水解为相应的醇类。在这四种途径中，研究最多的就是 β-葡萄糖苷酶对茶叶中香气前体物质的水解作用（Li et al. 2010；Guo et al. 1998）。

目前，茶叶中已经分离出了 20 多种糖苷类香气前体物质，它们基本上都是单糖苷和二糖苷，其中单糖苷以 β-葡萄糖苷为主，二糖苷以 β-樱草糖苷为主。内源糖苷酶在茶叶香气形成中的作用和外源糖苷酶对茶叶香气的改善等众多相关研究表明，β-葡萄糖苷酶对提高茶叶中芳香醇及其氧化物、橙花醇、香叶醇和苯乙醇的含量都有促进作用，对一些脂肪族、萜烯类、芳香族化合物的含量也有一定的积极影响（Tong et al. 2018；Sener et al. 2015）。另外，β-葡萄糖苷酶还可以帮助茶树对抗病虫害，这与前面提到的植物来源 β-葡萄糖苷酶的作用相一致。

1.3.2 果汁增香

果汁中各种营养成分含量丰富，具有绿色健康的特点，深受人们喜爱，已经成为人们日常生活中的重要饮品。但是，一方面，在果汁的加工过程中，包括浓缩、加热、灭菌、脱水等在内的一些加工工艺均会造成水果中原有香气的大量损失；另一方面，不同的地域条件下果实中香气物质种类和含量的差异也十分显著，因此，如何提高不同果汁的香气水平一直是果汁生产工业关注的热点问题（Yannick et al. 2001）。

在生产和研究过程中，人们发现，一些酶类物质的添加可以大大提高果汁的糖度、气味、颜色、澄清度等一系列指标，进而直接提升果汁的品质。果汁生产过程中常用的风味酶主要包括杏仁和微生物来源的 β-葡萄糖苷酶，有研究者比较了这两种 β-葡萄糖苷酶对果汁香气的影响，发现微生物来源的 β-葡萄糖苷酶对橘子皮中糖苷键合态香气化合物的酶解能力要优于杏仁来源的 β-葡萄糖苷酶，而当酶解橘子汁中的糖苷键合态香气化合物时，两者的表现则恰恰相反（Miyazaki et al. 2011）。总体来说，β-葡萄糖苷酶的酶解增香作用能在较大程度上还原果汁的天然香气成分，酶解后果汁中呈香物质的含量大约是酶解前的 2.5 倍，对果汁天然香味的改善作用明显（Yannick et al. 1996）；另外，β-葡萄糖苷酶还可从不同的水果中释放出丰富的萜烯类化合物，萜烯类化合物具有很强的品种特性，这在一定程度上可以平衡地域和品种差异对果汁香气造成的影响（Pang et al. 2012）。由此可以看出 β-葡萄糖苷酶在果汁加工工业应用中的重要地位。

1.3.3 葡萄酒增香

近年来，尤其是在中国，随着生活质量的提高，人们对葡萄酒的品质要求越来越高，寻求各种提高葡萄酒质量的方法是目前中国葡萄酒行业的主要研究兴趣（Sun et al. 2018b）。香气成分是衡量葡萄酒质量的重要指标，也是影响消费者购买意愿的重要因素（Ellena et al. 2010）。1958 年，拜耳首次使用气相色谱法检测葡萄酒中的香气物质，近年来，随着技术的进步和分析仪器的更新，对葡萄酒中香气化合物的研究更加系统化，目前已鉴定出 1000 多种香气成分，主要包括醇、酯、有机酸和萜烯等，每种香气物质对葡萄酒风味的贡献均不同，这与它们的化学结构密切相关（Ferreira et al. 2019；Kutschke 1959）。

众所周知，微生物来源的 β-葡萄糖苷酶具有良好的催化性能，并且在食品发酵领域，特别是在改善葡萄酒香气方面已被广泛研究。大部分研究聚焦来源于酵母菌的 β-葡萄糖苷酶，包括酿酒酵母和非酿酒酵母（Ma et al. 2017；Lopez et al. 2015；Gueguen et al. 1998）。酿酒酵母在葡萄酒的酒精发酵过程中具有非常重要的作用，它可以将葡萄汁中的糖转化为酒精和二氧化碳，同时生成甘油、高级醇、醛、酯等代谢产物，直接影响葡萄酒的色泽、香气及口感。但是，大多数酿酒酵母并没有 β-葡萄糖苷酶活性，因此，筛选具有高 β-葡萄糖苷酶活性的酿酒酵母对提升葡萄酒质量起着重要的作用（Sabel et al. 2014；Suarez-Lepe et al. 2012）。与酿酒酵母不同的是，大多数非酿酒酵母都具有 β-葡萄糖苷酶活性，表明非酿酒酵母在提高葡萄酒香气方面具有巨大潜力（Jan et al. 2015）。这为葡萄酒的生产提供了一种思路，即利用酿酒酵母与非酿酒酵母混合发酵，既可以保证葡萄酒较高的发酵效率，同时又提高了葡萄酒中香气物质的含量，当然，酿酒酵母与非酿酒酵母的接种比例和接种顺序也会对葡萄酒的香气成分造成很大的影响（Maturano et al. 2015）。

葡萄酒发酵过程的第一步是酒精发酵，第二步则是苹果酸-乳酸发酵。在苹果酸-乳酸发酵过程中，一些乳酸菌会发挥重要作用，比如酒酒球菌（Grimaldi et al. 2005）。一方面，它们可以将葡萄酒中以二元酸形式存在的苹果酸转化为一元酸形式的乳酸，这个过程可以降低葡萄酒的酸度，提升葡萄酒的口感；另一方面，一些具有 β-葡萄糖苷酶活性的酒酒球菌则可以将葡萄酒中糖苷键合态的香气化合物转化为游离态香气物质而显著增加葡萄酒的香气（Hernandez-Orte et al. 2009）。有研究进一步论证了酒酒球菌对葡萄酒香气的特征也有着重要作用，不同的酒酒球菌对葡萄酒品种香气的提升有明显差异，这也表明了酒酒球菌在葡萄酒工业中极大的应用潜力（Perez-Martin et al. 2015；Michlmayr et al. 2012）。

除了前面提到的几个主要方面，β-葡萄糖苷酶在乳制品行业和制糖业等食品加工工业中也有着独特的作用，本书不再一一概述。

第 2 章
酒酒球菌 β-葡萄糖苷酶的同源分析

大多数基因均以基因家族的形式存在，这些基因家族有小有大，小的可能只包括两个基因，大的则可以达到数百个基因。在长时间的进化过程中，来源于相同祖先的基因（即同一基因家族的不同成员）的序列会逐渐产生差异，进而使得各自的功能也变得不同（Hou et al. 2016；Stracke et al. 2001）。通过同源分析可以了解基因的进化史，厘清其进化关系。

近年来，随着测序价格的下降，越来越多物种完成了基因组测序，数据库中可用的测序资源也越来越多，基因的同源分析就是在这种形势下发展起来的一种生物信息学分析手段。本章内容就是以此为出发点，对酒酒球菌中的 β-葡萄糖苷酶基因进行了同源分析，以期对它们的进化关系有一定的认识和了解。

酒酒球菌是葡萄酒发酵过程中应用最多的一类乳酸菌，除了可以将葡萄酒中以二元酸形式存在的苹果酸转化为一元酸形式的乳酸，从而降低葡萄酒的酸度之外，其所产的 β-葡萄糖苷酶还可以将葡萄酒中糖苷键合态的香气化合物转化为游离态的香气物质而显著提升葡萄酒的香气水平。通过对酒酒球菌中 β-葡萄糖苷酶的基因序列进行分析，可以了解它们之间的同源性和进化关系，这对于酒酒球菌中 β-葡萄糖苷酶功能的研究以及新型 β-葡萄糖苷酶的发掘都具有重要意义。

2.1 基因的同源分析

2.1.1 序列获取

通过检索 NCBI 数据库，共得到了 35 个来源于酒酒球菌的 β-葡萄糖苷酶基因，本章针对这 35 个基因序列进行同源分析。35 个 β-葡萄糖苷酶的氨基酸序列详见附录 1。

2.1.2 理化性质分析

将 35 个 β-葡萄糖苷酶序列提交至 ExPASy 数据库对其理化性质进行初步分析，主要包括氨基酸数量（aa）、理论等电点（pI）和分子质量（MW）。具体方法为：进入 ExPASy 数据库主页，找到 ProtParam 板块，点击 Compute pI/MW，然后提交 35 个 β-葡萄糖苷酶的氨基酸序列进行分析。

2.1.3 保守结构域和 Motif 分析

使用 NCBI 网站中的批量搜索工具 Batch CD-search 分析 35 个 β-葡萄糖苷酶氨基酸序列的保守结构域。具体方法为：进入网页版 Batch CD-search 界面后，在方框中输入蛋白序列或者上传已经准备好的序列文件，搜索模式选择自动搜索，比对的数据库选择 CDD-59120 PSSMs，阈值输入 0.01，最后点击 submit 进行搜索。

使用 MEME 程序（版本 5.1.0）来识别 35 个 β-葡萄糖苷酶序列中的保守基序 Motif。具体方法为：进入 MEME 网站，点击 Motif discovery，在 Input the primary sequences 目录下点击选择文件，提交已经准备好的蛋白序列文件，其他参数设置如下：模式选择 Classic mode，位点分布选择每个 Motif 出现 0 或 1 次，最大 Motif 数目输入 10，Motif 宽度为 6 ～ 50 个氨基酸残基，点击 Start search。

2.1.4 进化树构建

使用软件 MEGA 7.0 构建系统发育树，首先，将 35 个 β-葡萄糖苷酶的蛋白序列进行多序列比对，参数采用默认参数，然后通过多次拟合找到最佳的氨基酸替代模型，在本研究中，"WAG + G"被评价为最佳模型，最后，在"WAG + G"模型下通过最大似然法构建系统发育树，参数均使用默认参数（Kumar et al. 2016）。用 TBtools 软件对以上所有的结果进行可视化（Chen et al. 2020）。本章使用的数据库如表 2-1 所示。

表 2-1　本章使用的数据库

名称	功能
NCBI 数据库	蛋白序列获取
Expasy 数据库	等电点、分子量分析
Batch CD-search	保守结构域分析
MEME 数据库	Motif 分析
MEGA	系统发育树构建
CAZy 数据库	蛋白家族检索

2.2　同源分析结果

2.2.1　理化性质分析结果

　　35 个 β-葡萄糖苷酶基因的 GenBank 登录号、氨基酸数量、等电点 pI 和分子质量 MW 展示在表 2-2 中。从表 2-2 中可以看到，35 个 β-葡萄糖苷酶的氨基酸序列长度差异较大，最小的仅由 129 个氨基酸组成，最大的则由 752 个氨基酸组成，氨基酸序列长度的差异最直观地反映了酒酒球菌中 β-葡萄糖苷酶的多样性。等电点是指当分子表面不带电荷时的 pH 值，蛋白质属于两性电解质，其等电点主要与它所包含的酸性氨基酸和碱性氨基酸的数量比例有关。在本研究中，等电点预测结果表明 35 个 β-葡萄糖苷酶中大部分蛋白的等电点都分布在酸性范围内，最低为 4.84，也有 12 个 β-葡萄糖苷酶的等电点分布在碱性范围内，其中最高的达到了 9.30。酒酒球菌中 β-葡萄糖苷酶的分子质量都较大，35 个 β-葡萄糖苷酶中，分子质量最大的达到了约 83 kDa，最小的也超过了 15 kDa，为 15042.88 Da。

表 2-2　酒酒球菌中 35 个 β-葡萄糖苷酶的理化性质

GenBank 登录号	氨基酸序列长度（aa）	pI	MW（Da）
KZD14692.1	315	7.77	34375.23
OLQ41669.1	427	8.19	49361.45
AAS68345.1	463	5.16	52933.65
AHI17276.1	207	9.30	22749.85
OLQ38400.1	721	5.40	79653.76
OIK96468.1	317	8.63	36717.06
OIK79570.1	411	8.2	47532.39
OIK70803.1	381	7.71	44116.44

GenBank 登录号	氨基酸序列长度（aa）	pI	MW（Da）
KZD14691.1	405	5.29	45397.31
ANW37852.1	430	5.23	49281.45
KGH62263.1	484	5.98	56046.34
SYW15136.1	740	5.79	82007.87
SYW12717.1	752	8.68	83619.79
SYW05250.1	741	5.87	82435.02
SYW07910.1	518	5.34	57301.20
TEU62513.1	485	5.78	56272.48
TEU62033.1	471	6.29	54436.66
TEU59707.1	456	7.14	52723.78
OLQ37381.1	479	5.83	54623.78
OLQ32724.1	435	5.55	49543.07
KZD13503.1	312	7.70	36166.00
WP_032821318.1	129	5.71	15042.88
WP_129559089.1	299	7.18	34376.24
WP_129558872.1	257	7.85	29223.30
WP_129558864.1	264	6.25	30438.57
SYW03805.1	488	4.87	56485.57
EFD88180.1	265	7.78	30720.94
WP_080485303.1	369	4.84	42945.43
PDH90918.1	149	5.78	17419.78
KMQ38888.1	478	5.93	54593.80
ABJ57423.1	737	5.91	81771.64
ABJ56211.1	480	6.14	55152.5
ABJ57102.1	440	6.39	50966.74
ABJ56314.1	481	5.08	55660.53
ABJ56315.1	485	5.10	55856.75

2.2.2 保守结构域和 Motif 分析结果

结构域是指蛋白质中由不同二级结构和超二级结构组合而成的独立稳定的结构区域，它是介于蛋白质二级结构和三级结构之间的一种结构层次，是蛋白质三级结构的基本组成单位。保守结构域则是指生物进化过程中一个蛋白家族中具有的不变或相同的结构域。保守结构域是蛋白质的功能单元，是具有特定结构和独立功能的区域（Srinivasan et al. 2005）。酒酒球菌中 35 个 β-葡萄糖苷酶的保守结构域分析如图 2-1 所示，图中黑色线条代表蛋白序列长度，不同颜色的色块代表不同的保守结构域。在 35 个 β-葡萄糖苷酶的蛋白序列中总共检索到了 BglB、PRK15098 superfamily、BglX、Glycosyl hydrolase 1 superfamily、Glycosyl hydrolase family 3 C-terminal 和 Fibronectin type Ⅲ-like 6 个不同的保守结构域，其中，23 个 β-葡萄糖苷酶包含 BglB 保守结构域，该结构域内含有编码磷酸 β-葡萄糖苷酶的基因，大部分来自糖苷水解酶第一家族的 β-葡萄糖苷酶都含有该结构域。另外还有 6 个 β-葡萄糖苷酶包含 PRK15098 superfamily 保守结构域，2 个 β-葡萄糖苷酶包含 BglX 保守结构域，3 个 β-葡萄糖苷酶包含 Glycosyl hydrolase 1 superfamily 保守结构域，在 β-葡萄糖苷酶 KZD14691.1 的蛋白序列中检索到了 Glycosyl hydrolase family 3 C-terminal 和 Fibronectin type Ⅲ-like 两个保守结构域，这表明该酶可能具有两种不同的功能。

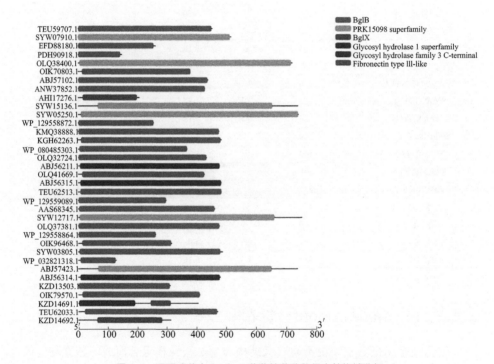

图 2-1　酒酒球菌中 35 个 β-葡萄糖苷酶的保守结构域分析

在 DNA 或蛋白质的同源序列中，不同位点的保守程度是不一样的，一般来说，对 DNA 或蛋白质功能和结构影响比较大的位点保守程度较高，其他位点的保守程度较低，这些保守的位点被称为"模体（Motif）"。Motif 在生物学中是一个基于数据的数学统计模型，代表的是一段特异性的基因序列或者基因结构。它与保守结构域最主要的区别是保守结构域是独立稳定的具有特定功能的一段序列，而 Motif 则仅仅代表一段特异的基因序列，不一定具有一定功能（Bailey et al. 2009）。图 2-2 和表 2-3 展示了 35 个 β-葡萄糖苷酶序列中检索到的 10 个 Motif 的具体信息。

图 2-2　Motif 结构图

表 2-3　10 个 Motif 的一致性序列

名称	序列	长度
Motif 1	YPNREGIDFYHRYPEDJKLMAEMGFKCFRTSIAWSRIFPNGDE	43
Motif 2	ECLKYGIEPVITJSHYEMPJNLVKKYGGW	29
Motif 3	NPYLKKSDWGWQIDPQGLRYILNELYBRYHKPIFVVENGJGAYDKWDNNN	50
Motif 4	IRPDLKIGGMLAYTPAYPYSSNPKDVLAAL	30
Motif 5	YAKVVLKRYADKVKYWITFNEINSV	25
Motif 6	LDITPADLKVJKENPVDYJSFSYYYSTTV	29
Motif 7	IYQAVHNQFVASAKAVKYAHE	21
Motif 8	FPKNFLWGGATAANQLEGAYDEDGKGLSIADVLP	34
Motif 9	DLVSASTGQMSKRYGFIYVDRDDEGIGTLKRVKKDSFYWYQKVIKSNGKE	50
Motif 10	MARPATVMCSYNAJNGTLNSQNQRLLTQILREEWGFKGLVMSDWGAVSEH	50

图 2-2 中，每一行上不同位点的字母代表不同的氨基酸，每一列上字母的高度表示该位点出现该字母所代表的氨基酸频率的高低，将这些信息进行处理后得到表 2-3。由表 2-3 可知，10 个 Motif 的长度在 21 ～ 50 个氨基酸之间；Motif

7 的序列长度最短，包含 21 个氨基酸；Motif 3、Motif 9 和 Motif 10 的长度最长，均包含 50 个氨基酸。图 2-3 则将这 10 个 Motif 片段还原到了该 35 个 β-葡萄糖苷酶序列中，通过参照前面保守结构域的分析结果可以发现，Motif 1 ～ 9 共同形成了高度保守的 BglB 结构域。除 β-葡萄糖苷酶 AHI17276.1 和 KZD14692.1 外，其余 β-葡萄糖苷酶的氨基酸序列中均包含 Motif 1 ～ 9 中的一个或多个，大多数 β-葡萄糖苷酶含有 Motif 7、Motif 4、Motif 6 和 Motif 3，还有一些 β-葡萄糖苷酶的两端缺少了 Motif 8 和 Motif 9，有些则缺少更多的 Motif，BglB 保守结构域组成的多样性可能暗含其功能的多样性。另外，由于 β-葡萄糖苷酶 AHI17276.1 和 KZD14692.1 中仅具有 Motif 10，所以 Motif 10 完全对应于保守结构域 BglX。

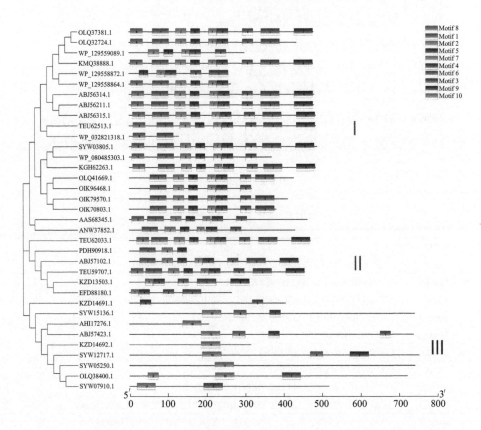

图 2-3 酒酒球菌中 35 个 β-葡萄糖苷酶蛋白序列的 Motif 组成分析和系统发育树的构建

2.2.3 同源关系分析结果

采用最大似然法构建无根系统发育树，以分析酒酒球菌中 35 个 β-葡萄糖苷酶的进化水平和同源关系。如图 2-3 所示，35 个 β-葡萄糖苷酶大致可以被分为三个分支（Ⅰ、Ⅱ、Ⅲ）。其中，分支 Ⅰ 中包含 β-葡萄糖苷酶的个数最多，为 20 个；分支 Ⅱ 和分支 Ⅲ 中分别含有 6 个和 9 个 β-葡萄糖苷酶。结合前面保守结构域的分析结果，BglB 保守结构域同时存在于分支 Ⅰ 和分支 Ⅱ 的 β-葡萄糖苷酶中，另外，在分支 Ⅰ 的 20 个 β-葡萄糖苷酶中，有 3 个也含有 Glycosyl hydrolase 1 superfamily 保守结构域，这表明 BglB 和 Glycosyl hydrolase 1 superfamily 两个保守结构域之间密切相关。分支 Ⅲ 中的 β-葡萄糖苷酶与分支 Ⅰ 和 Ⅱ 有着显著差异，这主要反映在氨基酸序列长度和 Motif 组成上。除了基因缺失的情况外，分支 Ⅲ 中 β-葡萄糖苷酶的氨基酸序列长度普遍长于分支 Ⅰ 和 Ⅱ 中的 β-葡萄糖苷酶；从 Motif 组成上来看，只有分支 Ⅲ 中的 β-葡萄糖苷酶含有 Motif 10。此外，通过在 CAZy 数据库中搜索这些 β-葡萄糖苷酶可以发现，分支 Ⅰ 和 Ⅱ 中的 β-葡萄糖苷酶属于 GH1 家族，而分支 Ⅲ 中的 β-葡萄糖苷酶则属于 GH3 家族。由此可以推断，酒酒球菌中的 β-葡萄糖苷酶基本上来源于 GH1 和 GH3 这两个家族。

2.3　讨论

　　尽管过去的一些研究已经对众多来自不同酒酒球菌菌株的 β-葡萄糖苷酶基因进行了报道和描述，并且对酶的功能进行了一定的探究和阐释，但鲜有对这些基因和蛋白序列系统的研究，它们之间的进化水平和同源关系也尚不明确。近年来，由于测序技术和分析方法的飞速发展，数据库中可用的测序资源越来越多，而基因家族分析则可以通过分析数据库中的测序资源来探究不同基因或者蛋白序列之间的亲缘关系。当下，基因家族的分析方法主要应用于真核生物，尤其是植物，很多植物已经进行了全基因组测序，其中很多的基因家族得到了验证和归类，它们的结构和功能也从分子水平上得到了很好的阐释（Liu et al. 2015）。本章内容以数据库中酒酒球菌 β-葡萄糖苷酶的氨基酸序列为出发点，应用基因家族的一些分析方法，系统地分析了它们之间的结构组成和同源关系。

　　理化性质分析表明酒酒球菌 β-葡萄糖苷酶的等电点基本分布在酸性范围内，这与其他来源的 β-葡萄糖苷酶基本一致；而这些 β-葡萄糖苷酶分子的分子质量普遍较大，大部分都在 30 kDa 以上，预示着这些 β-葡萄糖苷酶分子结构的复杂性以及功能的多样性，另一方面，对很多分子质量巨大（大于 100 kDa）的 β-葡萄糖苷酶分子的结构研究表明，它们并不是以单体的形式存在，而是由两个或者多个亚基组成（Fang et al. 2014）。本章中，35 个 β-葡萄糖苷酶分子中分子质量最大的约 83 kDa，并未超过 100 kDa，说明了酒酒球菌 β-葡萄糖苷酶分子的结构中并不包含亚基，而是以单体的形式存在。

35 个 β-葡萄糖苷酶分子氨基酸序列的保守结构域和 Motif 分析为阐释它们之间的同源关系提供了依据，结果表明，35 个 β-葡萄糖苷酶被分为了 3 个分支，分支 I 和 II 中的 β-葡萄糖苷酶属于 GH1 家族，而分支 III 中的 β-葡萄糖苷酶则属于 GH3 家族。研究酒酒球菌中 β-葡萄糖苷酶之间的进化水平和同源关系有重要意义，一方面，酒酒球菌中 β-葡萄糖苷酶种类众多，一一探究它们的结构和功能并不现实，那么合理的分类就显得尤为重要，可以通过归纳某一类酶的结构和功能来对该分类下某一具体的酶的功能作出合理预测；另一方面，这也为酒酒球菌中新型 β-葡萄糖苷酶资源的发掘提供了一定的指导。

2.4 本章小结

（1）通过筛选得到了来自酒酒球菌的 35 个 β-葡萄糖苷酶的蛋白序列，理化性质分析结果表明，这些 β-葡萄糖苷酶的氨基酸序列长度在 129～752 之间，等电点在 4.84～9.30 之间，分子质量在 15～84 kDa 之间，最小的为 15042.88 Da，最大的为 83619.79 Da。

（2）35 个 β-葡萄糖苷酶的氨基酸序列中总共检索到了 6 个不同的保守结构域，出现最多的是 BglB 保守结构域。Motif 分析结果表明，Motif 1～9 共同形成了高度保守的 BglB 结构域，而 Motif 10 则是保守结构域 BglX 的组成单位。

（3）35 个 β-葡萄糖苷酶被分为 3 个进化分支，不同分支之间 β-葡萄糖苷酶的氨基酸序列长度和 Motif 组成不同。分支 I 和 II 中的 β-葡萄糖苷酶属于 GH1 家族，而分支 III 中的 β-葡萄糖苷酶则属于 GH3 家族。

第 3 章
酒酒球菌 β-葡萄糖苷酶的异源表达和纯化

本章所用酒酒球菌 SD-2a 属于酒球菌属，它在葡萄酒酿造方面具有诸多优势性能。例如，该菌对葡萄酒酿造过程中严苛的环境条件具有很好的耐受性，它可以在高乙醇浓度、低 pH 的条件下生存并发挥作用；作为苹果酸-乳酸发酵的主要启动者和执行者之一，可以专一地进行苹果酸-乳酸发酵，具有良好的发酵性能。之前的研究发现，酒酒球菌 SD-2a 具有较高的 β-葡萄糖苷酶活性，而 β-葡萄糖苷酶可以将葡萄酒中糖苷键合态的香气化合物转化为游离态的香气物质，从而显著提升葡萄酒的香气水平（Yang et al. 2020；Wang et al. 2014；Zhao et al. 2009）。因此，以酒酒球菌 SD-2a 作为出发株，研究其所产 β-葡萄糖苷酶的酶学特性和催化机理对于食品发酵工业，尤其是葡萄酒酿造工业具有十分重要的意义。

天然酶蛋白的获取过程十分复杂，且纯化中极易造成酶的失活，因此，利用蛋白表达系统使目的基因在体外得到高效表达，并产生人们所需的目的基因产物便成为大量获取酶蛋白的重要途径。大肠杆菌异源表达系统是目前应用最广泛的原核表达系统，表达目的基因时具有稳定性高、易于分离、保持目的蛋白末端完整等优点，它可以对外源目的基因进行过量表达，并且在一定程度上保证酶的正确折叠，适用于表达原核生物目的基因和制备有活性的异源酶，目前大肠杆菌蛋白表达系统在工业和农业中都得到了广泛应用（Baeshen et al. 2015；Lu 2006）。

在第 2 章中我们筛选得到了来自酒酒球菌的 35 个 β-葡萄糖苷酶，并对它们的氨基酸序列进行了整理和同源分析，从分子水平上初步了解了酒酒球菌中 β-葡萄糖苷酶的序列结构和功能之间的关系。本章内容主要是从一株高 β-葡萄糖苷酶活性的菌株——酒酒球菌 SD-2a 出发，介绍利用分子生物学的手段对其 β-葡萄糖苷酶基因进行克隆、异源表达和分离纯化的相关研究，以为后续研究其 β-葡萄糖苷酶的酶学特性和催化机理奠定基础。

3.1 酶的异源表达和纯化

3.1.1 试验材料与仪器

酒酒球菌 SD-2a（中国普通微生物菌种保藏管理中心，CGMCC 0715），由实验室分离保存。克隆质粒 pMD-19T 和表达质粒 Pcold Ⅰ购于北京宝日医生物技术有限公司，表达质粒 pET-28a 由实验室保藏。

质粒小提试剂盒、感受态细胞 *E. coli* DH5α 和 *E. coli* BL21（DE3）购于北京聚合美生物科技有限公司。DNA 聚合酶 PrimeSTAR Max DNA Polymerase、胶回收试剂盒 TaKaRa Agarose Gel DNA Extraction Kit、DNA 连接试剂盒 DNA Ligation Kit、蛋白纯化试剂盒 His60 Ni Gravity Column Purification Kit、加 A 试剂盒 DNA A-Tailing Kit、快切酶（*Nde* Ⅰ、*Bamh* Ⅰ）DNA marker、Protein Marker 购于北京宝日医生物技术有限公司。

对硝基苯酚（*p*-NP）和对硝基苯基 *β*-D-吡喃葡萄糖苷（*p*-NPG）购自上海源叶生物科技有限公司。超滤离心管 Millipore（15 mL/10 kDa）、BCA 蛋白浓度测定试剂盒、SDS-PAGE 凝胶制备试剂盒、卡那霉素（Kana）、氨苄霉素（Amp）、异丙基硫代半乳糖苷（IPTG）、X-Gal、非变性组织/细胞裂解液、蛋白酶抑制剂（PMSF）、无水乙醇、异丙醇、异戊醇、苯酚/氯仿/异戊醇混合液（25：24：1）、溶菌酶、十六烷基三甲基溴化铵（CTAB）、RNA 酶、琼脂糖、葡萄糖、酵母浸粉、蛋白胨、七水合硫酸镁、四水合硫酸锰、盐酸半胱氨酸、磷酸二氢钠、十二水合磷酸氢二钠、磷酸二氢钾、磷酸三钠、咪唑、氢氧化钠、碳酸钠、氯化钠和其他分析纯试剂均购自北京索莱宝科技有限公司。

3.1.2 主要仪器

水平层流单人净化工作台 HS-840	苏州净化设备有限公司
高压蒸汽灭菌锅	上海博迅实业有限公司
电热恒温培养箱 DH-600	北京科伟永兴仪器有限公司
全自动微生物生长曲线分析仪 Bioscreen C	芬兰华莱公司
台式高速冷冻离心机 HC-3018R	安徽中科中佳科学仪器有限公司

基因扩增仪 Hema9600	珠海黑马医学仪器有限公司
超纯水系统 Elix Essential	法国 Millipore S.A.S 公司
DYY-6C 型电泳仪	北京六一仪器厂
恒温培养振荡器 ZHWY-2102	上海智城分析仪器制造有限公司
低温超高压破碎机 JN-02C	广州聚能生物科技有限公司
多功能微孔板检测仪 Spectra Max M 2	美国 Molecular Devices 公司
凝胶成像系统 GE1DOC XR	美国 Bio-Rad 公司

3.1.3 表达载体的构建

在本章中，我们从酒酒球菌 SD-2a 的基因组 DNA 中克隆得到了三个编码 β-葡萄糖苷酶的目的基因 OEOE-1569、OEOE-1210 和 OEOE-0224，将它们分别与表达质粒 Pcold Ⅰ（图 3-1）和 pET-28a（图 3-2）连接，由此比较两者的表达效果以寻求更适合本研究的表达质粒。表达载体的构建过程如图 3-3 所示（以目的基因 OEOE-0224 和表达质粒 Pcold Ⅰ 的连接为例）。

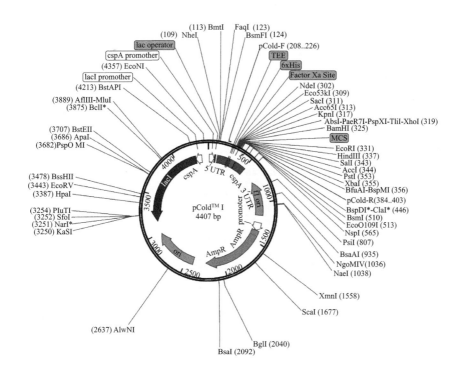

图 3-1 Pcold Ⅰ 质粒图谱

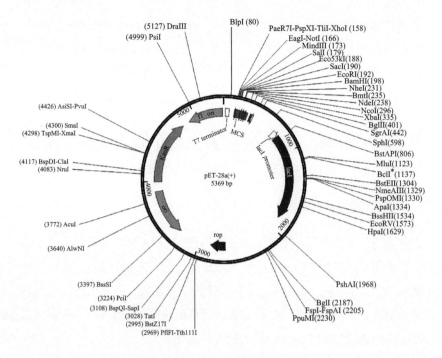

图 3-2　pET-28a 质粒图谱

（1）基因组 DNA 的提取

① 酒酒球菌 SD-2a 的复苏。从 -80℃ 冰箱中取出菌株，按照 2% 的接种量接种至液体培养基中，培养基选择 ATB 番茄培养基，具体成分如下：葡萄糖 10 g/L，酵母浸粉 5 g/L，蛋白胨 10 g/L，$MgSO_4 \cdot 7H_2O$ 0.2 g/L，$MnSO_4 \cdot 4H_2O$ 0.05 g/L，盐酸半胱氨酸 0.5 g/L，番茄汁 250 mL/L，用 NaOH 调 pH 至 4.8，121℃ 灭菌 15 min。约 40 h，酒酒球菌 SD-2a 在此培养基中生长至对数中期，传递两代后收集细菌至 2 mL 离心管，离心（12000 × g，10 min），备用。

② 用 570 μL 的 TE buffer 充分悬浮上述步骤①中的菌体沉淀。

③ 向步骤②的菌悬液中加入 10 μL 的溶菌酶溶液（20 mg/mL），颠倒离心管数次以充分混匀，然后 37℃ 水浴 60 min。加入 6 μL 的蛋白酶 K 溶液（10 mg/mL）和 30 μL 的 SDS 溶液（10%，体积分数）。充分混匀后 37℃ 水浴 60 min。

④ 向步骤③得到的溶液中加入 100 μL 的 NaCl 溶液（5 mol/L），混匀后 65℃ 水浴 2 min。然后向其中加入经预热（65℃）的 CTAB/NaCl 溶液 80 μL，混匀后 65℃ 水浴 10 min。

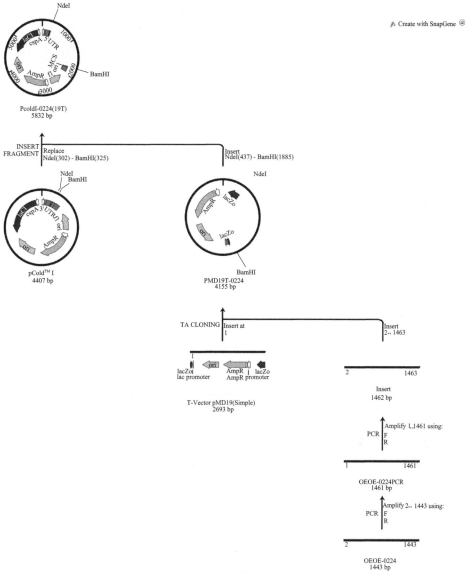

图 3-3　表达载体的构建流程

⑤ 向步骤④得到的溶液中加入等体积（约 800 μL）的氯仿 / 异戊醇溶液
（24：1），离心（12000 × g，5 min），将上层水相（上清液 A，含 DNA）转移
至另一只洁净的 2 mL 离心管中。

⑥ 向上清液 A 中加入 10 μL 的 RNA 酶，静置 15 min 后，加入等体积（约

800 μL）的苯酚 / 氯仿 / 异戊醇混合液（25∶24∶1），离心（12000 × g，5 min），将上层水相（上清液 B，含 DNA）转移至另一只洁净的 2 mL 离心管中。

⑦ 向上清液 B 中加入等体积（约 800 μL）的氯仿 / 异戊醇混合液（24∶1），离心（12000 × g，5 min），将上层水相（上清液 C，含 DNA）转移至另一只洁净的 1.5 mL 离心管中。

⑧ 向上清液 C 中加入 0.8 倍体积（约 560 μL）的异丙醇，轻柔颠倒离心管数次。然后室温放置 30 min 以沉淀 DNA，离心（12000 × g，5 min），去上清，此时可在离心管底部看到白色沉淀。

⑨ 向上述离心管中加入 500 μL 的 70% 无水乙醇洗涤沉淀，离心（12000 × g，5 min），去除上清后用滤纸吸干离心管壁内附着的水分。加入 100 μL 的 TE buffer 溶解 DNA 沉淀，用手指轻弹离心管使 DNA 充分溶解。

⑩ 上样琼脂糖凝胶电泳检测所提取基因组 DNA 的完整性。溶解的 DNA 保存于 −20℃冰箱中备用。

（2）目的基因扩增

① 引物设计。通过检索 NCBI 数据库中的信息可知，酒酒球菌标准菌株 PSU-1 的基因组中有 5 个编码 β-葡萄糖苷酶的基因，分别是 OEOE-1569、OEOE-1210、OEOE-0224、OEOE-0340 和 OEOE-0341，本实验以这 5 个 β-葡萄糖苷酶基因作为目的基因设计引物。设计引物时在上下游两端分别加入酶切位点（在表 3-1 中以下划线标出），方便后续与表达质粒的连接；具体引物序列见表 3-1。

表 3-1　目的基因引物序列

基因名称	引物序列（5'-3'）	酶切位点	长度（bp）
OEOE-1569	F：CTC<u>CATATG</u>ATGTCTAAGATTACTTCAATTATT	*Nde* I	2214
	R：TGA<u>GGATCC</u>TTAACTTTGATTGGCGAGTTTAAT	*BamH* I	
OEOE-1210	F：CTC<u>CATATG</u>ATGGTAGCGATTTCATTATTGATT	*Nde* I	1323
	R：TGA<u>GGATCC</u>CTACAATTCTGTTCCATTAGACTT	*BamH* I	
OEOE-0224	F：CTC<u>CATATG</u>ATGAATAAACTTTTTTTGCCGAAA	*Nde* I	1443
	R：TGA<u>GGATCC</u>TTAATCTAATTGACTGCCGTTTGA	*BamH* I	
OEOE-0340	F：CTC<u>CATATG</u>ATGAGTGAGGGAATTCAAATGCCC	*Nde* I	1446
	R：TGA<u>GGATCC</u>CTATATGTCTAGATCTTTACCATT	*BamH* I	
OEOE-0341	F：TGA<u>GGATCC</u>ATGACTGAAACAACAAAAAGTGGA	*BamH* I	1458
	R：CTC<u>CTCGAG</u>TCAGTCTAAGTCTAATCCGTTCGA	*Xho* I	

② 目的基因扩增。以步骤（1）中得到的基因组 DNA 为模板，结合表 3-1 中设计的引物进行聚合酶链式反应（PCR），以扩增目的基因，PCR 反应体系组成见表 3-2。PCR 中所用的 DNA 聚合酶为 PrimeSTAR Max DNA Polymerase，PCR 反应程序为：95℃预变性 10 min；98℃变性 10 s，55℃退火 15 s，72℃延伸 60 s，30 次循环；72℃保温 8min。

表 3-2　PCR 扩增体系

组分	体积（μL）
PrimeSTAR Max DNA Polymerase（2 ×）	25
Primer F	1
Primer R	1
模板	2
ddH₂O	21
总体积	50

③ 切胶回收。PCR 产物经琼脂糖凝胶电泳检测后回收。胶回收的具体操作步骤按照胶回收试剂盒 TaKaRa Agarose Gel DNA Extraction Kit 的说明书进行。

（3）T-A 克隆

① 在胶回收的 PCR 产物平滑的 3' 末端加 "A" 反应。在微量离心管中配制加 "A" 反应液，反应液的体系组分见表 3-3。体系组分在 72℃反应 20 min 后迅速转入冰上静置 1 ～ 2 min。

表 3-3　加 "A" 反应体系

组分	体积（μL）
A-Tailing Buffer（10 ×）	5
dNTP Mixture	4
末端加 A 酶	1
PCR 产物	5
ddH₂O	35
总体积	50

② A-Tailing 的 DNA 片段与 pMD-19T 载体的连接转化，在微量离心管中配制如表 3-4 所示的反应液。

表 3-4　T-A 克隆反应体系

组分	体积（μL）
pMD-19T	1
①中加过 "A" 的 DNA 片段	1
DNA Ligation Solution I	5
ddH$_2$O	3
总体积	10

③ 将上述反应体系置于 16℃反应 30 min 至 2 h（视 DNA 片段的大小而定）。

④ 将反应体系全量（10 μL）加入至 100 μL *E. coli* DH5α 感受态细胞中，轻柔混合后冰中放置 30 min。

⑤ 42℃水浴 45 s 后迅速转入冰中放置 1 min。

⑥ 加入 890 μL 已经在 37℃下预热的 SOC 培养基，然后 37℃震荡培养 60 min。

⑦ 取 100 μL 转化液涂在含有 X-Gal、IPTG、Amp 的 L-琼脂平板培养基上，37℃过夜培养。

⑧ 挑选白色菌落，测序验证。

（4）双酶切。采用快切酶分别对克隆质粒和表达质粒双酶切，双酶切反应体系见表 3-5。将该反应体系置于 37℃水浴反应 30 min 后，上样 1% 的琼脂糖凝胶电泳检测，并对目的基因条带和表达质粒条带胶回收。

表 3-5　双酶切反应体系

组分	体积（μL）
Quickout Buffer（10×）	2
克隆质粒 / 表达质粒	2
快切酶 1	1
快切酶 2	1
ddH$_2$O	14
总体积	20

（5）连接。将步骤（4）中胶回收得到的目的基因与表达质粒相连接，构建表达载体，具体的连接反应体系见表 3-6，将该连接反应体系混匀后置于 16℃反应 2 h。连接完成后，对表达载体双酶切验证连接效果，双酶切反应体系与表 3-5

一致。

表 3-6　连接反应体系

组分	体积（μL）
酶切后的表达质粒	1
酶切后的目的基因	1
DNA Ligation Solution I	5
ddH$_2$O	3
总体积	10

（6）转化。步骤（5）结束后，将连接体系全量（10 μL）加入至 100 μL 的 *E. coli* DH5α 感受态细胞中，轻柔混合，冰中放置 30 min，完成后，42℃水浴 45 s，然后迅速转入冰中放置 1 min；加入 890 μL 的 SOC 培养基（37℃预热），37℃震荡培养 60 min；取 100 μL 转化液涂在含有对应抗生素的 LB 琼脂平板培养基上，37℃过夜培养。

挑取转化子单菌落接种至 LB 液体培养基中摇瓶扩大培养，8 h 后收集菌液以提取表达质粒。质粒的提取采用北京聚合美生物科技有限公司生产的质粒小提试剂盒进行，具体操作详见其说明书。

将提取的重组表达载体质粒送样测序，测序结果翻译成蛋白序列后与酒酒球菌标准菌株 PSU-1 中的 β-葡萄糖苷酶序列进行比对，选取构建成功的表达载体进行后续操作。

3.1.4　表达目的蛋白

（1）将 3.1.3 小节的步骤（6）中提取的表达载体质粒适当稀释至终浓度约为 1 ng/μL，取 10 μL 加入至 100 μL 的 *E. coli* BL21（DE3）感受态细胞中，轻柔混合，然后冰上放置 30 min。

（2）42℃水浴 45 s，然后迅速转入冰中放置 1 ~ 2 min。

（3）加入 890 μL 的 SOC 培养基（预先在 37℃保温），37℃震荡培养 60 min。

（4）取 100 μL 转化液涂在含有对应抗生素的 LB 琼脂平板培养基上，37℃过夜培养。

（5）挑取转化子单菌落至含有对应抗生素（100 μg/mL）的 LB 液体培养基中，

37℃振荡培养。

（6）当培养液的 OD_{600} 值达到 0.4 ~ 0.5 时，对于用表达质粒 pET-28a 构建的表达载体，在培养液中添加 IPTG 至终浓度为 0.4 mmol/L 后继续振荡培养 24 h；对于用表达质粒 Pcold Ⅰ构建的表达载体，将培养液在冰水中迅速冷却至 15℃，放置 30 min；然后添加 IPTG 至终浓度为 0.4 mmol/L，15℃振荡培养 24 h。

（7）培养完成后，上样聚丙烯酰胺凝胶电泳（SDS-PAGE）检测确认目的蛋白的有无、表达量和可溶性，具体操作步骤按照 SDS-PAGE 凝胶制备试剂盒说明书进行。

3.1.5 分离纯化目的蛋白

为保证酶的活性，蛋白分离纯化的所有步骤均在 4℃或冰上进行。

为防止蛋白过量损失，在完成分离纯化的每一步时都测定蛋白浓度，蛋白浓度的测定以牛血清蛋白为标品，参照 BCA 蛋白浓度测定试剂盒的操作方法进行。

（1）粗酶液制备

① 收集 3.1.4 小节中培养完成的含有目的蛋白的培养液 200 mL，离心（12000 × g，5 min），富集至 50 mL 离心管内，用 30 mL PBS 缓冲液重悬培养液；

② 每 1 mL 的非变性组织 / 细胞裂解液中加入 10 μL 的蛋白酶抑制剂 PMSF，使 PMSF 的最终浓度为 1 mmol/L，混匀备用，PMSF 现用现加；

③ 取 3 mL 步骤②中配制好的非变性组织 / 细胞裂解液加入到向步骤①中重悬后的 30 mL 培养液中，冰上静置、裂解 5 min；

④ 将上述细胞培养液用 1 mL 的针头过滤，完成后，上样低温超高压细胞破碎机进行破碎处理（4℃，100 MPa），破碎过程重复 5 次以使细胞完全破碎，释放出目的蛋白；

⑤ 离心（12000 × g，5 min），收集破碎液上清至 50 mL 离心管内，4℃保存备用。

（2）His-tag 重力镍柱纯化

① His60 重力镍柱（1 mL）和所有缓冲液放置在 4℃条件下，在打开柱子之前将基质完全悬浮以防止树脂流失；

② 用 5 ~ 10 倍柱体积的平衡缓冲液清洗柱子；

③ 添加 6 mL 步骤（1）中制备好的粗酶液至重力柱中，然后小心地将顶部

塞子盖好，4℃条件下缓慢颠倒色谱柱 1 h，使目标蛋白与柱子内的树脂基质充分结合；

④ 垂直安装重力柱，使树脂沉淀在重力柱的底部；

⑤ 将一支干净的 10 mL 离心管架放在重力柱的出口下方，先卸下顶部塞子，然后小心取下底部塞子，收集馏分；

⑥ 先用 10 倍柱体积的洗涤缓冲液清洗重力柱，再用 10 倍柱体积的平衡缓冲液清洗；

⑦ 用 10 倍柱体积的洗脱缓冲液洗涤重力柱，从而将目的蛋白从柱子上洗脱下来，收集馏分（内含目的蛋白）；

⑧ 用 10 倍柱体积的再生缓冲液反复洗涤重力柱数次，再用 10 倍柱体积的超纯水清洗，完成后加入 2 mL 20% 的乙醇，4℃保存重力柱，以备下次使用。

（3）超滤管过滤

① 使用前在超滤管中加入超纯水，水量至完全没过超滤膜，然后将超滤管放置于冰上预冷 5 min；

② 将超滤管内的水倒出，加入 4 mL 步骤（2）中收集的目的蛋白馏分；

③ 离心（12000 × g，20 min），缓慢升高离心机转速，防止转速升高过快损坏滤膜导致目的蛋白流失；

④ 当超滤管内的蛋白溶液浓缩至 1 mL 左右时，再加入 PBS 缓冲液补至 4 mL，离心（12000 × g，20 min），重复该步骤 3 次；

⑤ 吸取最终的蛋白浓缩液。在冰上操作，用 200 μL 枪头顺着超滤管边缘插入，轻轻吹打、混匀蛋白浓缩液，吸取浓缩液，不要碰到超滤膜；

⑥ 反复用超纯水轻柔清洗超滤管，然后加入接近满的超纯水，盖上盖子，4℃保存超滤管，直到下次使用。

（4）SDS-PAGE 检测。将纯化完成的目的蛋白上样 SDS-PAGE 检测纯度，具体操作步骤按照 SDS-PAGE 凝胶制备试剂盒说明书进行。

（5）LC-MS/MS 检测。将纯化后的目的蛋白送样 LC-MS/MS 检测鉴定。

3.1.6 酶活性测定

测定蛋白表达菌株裂解上清液中的 β-葡萄糖苷酶活性，采用比色法测定，具体操作步骤如下。

（1）测定不同浓度对硝基苯酚（p-NP）的标准曲线。用 20 mmol/L 的磷酸钠缓冲液（pH=5.0）配制不同浓度（0、20、40、60、80、100 μmol/L）的 p-NP 溶液，然后加入等体积的 Na_2CO_3（1 mol/L）溶液混合，显色后测定其在 420 nm 处的吸光度值，得到 p-NP 浓度和 OD 值的标准曲线（Y=0.0049 X+0.0185，R^2= 0.9997）；

（2）用 20 mmol/L 的磷酸钠缓冲液（pH=5.0）将 3.1.5 中纯化得到的目的蛋白浓缩液稀释至 10 mg/mL；

（3）吸取 10 μL 目的蛋白稀释液加入到 490 μL p-NPG（25 mmol/L）溶液中，混合，置于 37℃反应 30 min；

（4）向反应体系中加入 500 μL Na_2CO_3（1 mol/L）终止反应，然后测定反应体系在 420 nm 处的吸光度值，根据步骤（1）测定的标准曲线计算反应释放的 p-NP 的量。每分钟反应产生 1 μmol/L p-NP 的量定义为一个单位的 β-葡萄糖苷酶酶活（U）。

3.2　酶的异源表达与分离纯化结果分析

3.2.1　基因组 DNA 的提取

酒酒球菌 SD-2a 基因组 DNA 的提取效果如图 3-4 所示，琼脂糖凝胶电泳结果显示基因组 DNA 提取效果良好，条带清晰完整，酒酒球菌 SD-2a 基因组 DNA 的长度约为 20000 bp，经核酸检测仪测定其 A260/A280=1.84，A260/A230=2.11，浓度为 353 ng/μL，说明提取的基因组 DNA 纯度、浓度良好，可以用于后续实验。

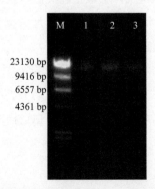

图 3-4　酒酒球菌 SD-2a 基因组 DNA 的琼脂糖凝胶电泳图
M—DNA marker；1 ～ 3—酒酒球菌 SD-2a 基因组 DNA

3.2.2 目的基因的克隆表达

以 3.2.1 小节中提取的基因组 DNA 为模板，按照 3.1.3 小节中的方法对酒酒球菌标准菌株 PSU-1 中五个编码 β-葡萄糖苷酶的基因进行 PCR 扩增，扩增结果如图 3-5 所示。五个基因中有三个被成功扩增，分别是 OEOE-1569、OEOE-1210 和 OEOE-0224，这三个基因的片段大小也基本与数据库一致；而另外两个基因 OEOE-0340 和 OEOE-0341 的 PCR 结果显示无条带，说明酒酒球菌 SD-2a 中并没有这两个基因，因此，后续的实验以扩增成功的三个 β-葡萄糖苷酶基因作为目的基因进行。

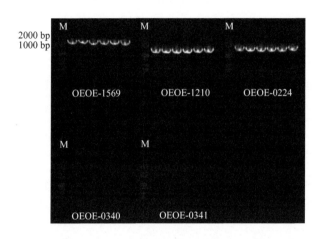

图 3-5 目的基因 PCR 扩增琼脂糖凝胶电泳图

T-A 克隆的蓝白斑筛选结果如图 3-6 所示。蓝白斑筛选利用的是正常大肠杆菌乳糖操纵子系统中的 *lac-Z* 基因能将 X-Gal 分解变成蓝色这一特性，实验用的感受态大肠杆菌中则没有这个基因。这个基因被普遍设计在了各种载体上，并且在 *lac-Z* 基因的编码区中间设计了多克隆位点，以供外源基因插入，外源基因的插入会导致 *lac-Z* 基因被破坏而失去功能。因此，没有质粒转入的感受态大肠杆菌会被抗生素杀死而不能长出菌落，得到了空质粒的感受态大肠杆菌不会被抗生素杀死，而且能够将 X-Gal 变成蓝色而显示蓝色菌落，只有得到了插入了目的片段的质粒的感受态大肠杆菌不会被抗生素杀死，且不能分解 X-Gal，而长出白色菌落。本实验的蓝白斑筛选结果显示，除了 OEOE-1569 平板中蓝色菌落较多外，三个目的基因的平板中均有一定数量的白色菌落长出，说明目的基因和 T 载体连接成功。对每个基因挑取十个白色菌落，送样测序，测序结果证实目的基因和 T 载体连接成功，可以进行后续实验。

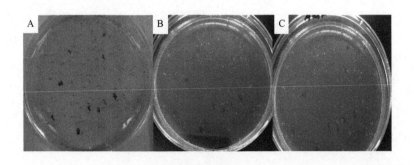

图 3-6　蓝白斑筛选
A—OEOE-1569；B—OEOE-1210；C—OEOE-0224

对 T 载体和表达质粒分别双酶切后，回收目的基因条带，然后将目的基因与已经双酶切的表达质粒进行连接，连接完成后再次双酶切验证连接效果，双酶切验证结果如图 3-7 所示。结果显示，每一组表达载体在经过双酶切后均显示一大一小两条带，大的条带为切掉的表达质粒，小的条带为目的基因，已知三个目的基因的大小分别为 2214 bp、1323 bp 和 1443 bp，与图 3-7 中的结果一致，将双酶切产物切胶回收后送样测序，测序结果进一步证明酶切产物序列与目的基因序列一致，说明表达载体构建成功，可以进行下一步的转化和表达。

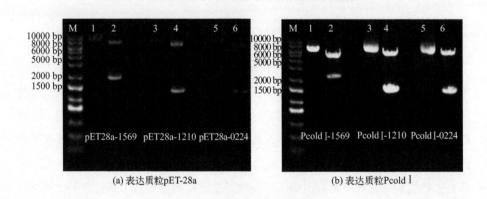

(a) 表达质粒pET-28a　　　　　　　　(b) 表达质粒Pcold I

图 3-7　表达载体双酶切验证电泳图
M—10000 bp DNA marker；1、3、5—未经酶切的表达载体；2、4、6—表达载体双酶切产物

表达质粒 pET-28a 和 Pcold I 对三个目的基因的表达效果如图 3-8 所示，总体来看，Pcold I 表达质粒对三个目的基因都能成功表达［图 3-8（b）泳道 2、泳

道 5、泳道 8]，而 pET-28a 表达质粒只对 OEOE-1569 和 OEOE-1210 这两个基因成功表达 [图 3-8（a）泳道 2、泳道 5]，图 3-8（a）8-10 号泳道内看不到目标蛋白的条带，说明 pET-28a 未能实现对 OEOE-0224 基因的表达；另一方面，从图 3-8（b）可以看到，在未插入目的基因时，菌体自身蛋白的表达量很高（泳道 1），而在插入目的基因后，菌体自身蛋白的表达量显著减少，说明目的基因的插入显著抑制了大肠杆菌自身蛋白的表达，这有利于后续对于目标蛋白的分离纯化。具体到单个基因的表达情况来看，OEOE-1569 和 OEOE-1210 这两个基因通过质粒 pET-28a 表达的蛋白更多存在于菌体裂解液沉淀中 [图 3-8（a）泳道 3、泳道 6]，而在裂解上清中几乎没有目标蛋白的存在 [图 3-8（a）泳道 4、泳道 7]，这说明 pET-28a 对这两个基因的表达的蛋白更多是以包涵体的形式存在，相同的情况也存在于 Pcold Ⅰ 质粒对 OEOE-1569 的表达中 [图 3-8（b）泳道 4]。由图 3-8（b）泳道 7 和泳道 10 可以看到，OEOE-0224 和 OEOE-1210 表达菌株的菌体裂解液上清中目标蛋白条带较为明显，说明 Pcold Ⅰ 质粒对这两个基因的表达效果较好。综上所述，相较于 pET-28a，Pcold Ⅰ 质粒更适合于表达酒酒球菌 SD-2a 中的葡萄糖苷酶基因，尤其是 OEOE-0224 和 OEOE-1210。

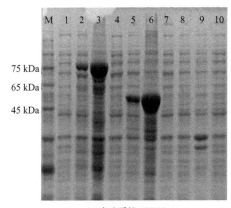 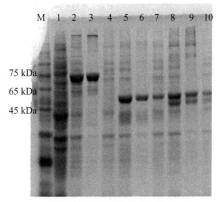

(a) 表达质粒pET-28a   (b) 表达质粒Pcold Ⅰ

图 3-8 表达质粒 pET-28a 和 Pcold Ⅰ 对三个目的基因的表达效果电泳图

M—marker；1—空载体对照；
2～4—OEOE-1569 表达菌株的全裂解液，裂解液沉淀，裂解液上清；
5～7—OEOE-1210 表达菌株的全裂解液，裂解液沉淀，裂解液上清；
8～10—OEOE-0224 表达菌株的全裂解液，裂解液沉淀，裂解液上清

为了排除表达菌株裂解液沉淀中的包涵体对重组蛋白活性的影响，实验还

收集了表达菌株的裂解上清液进行初步的 β-葡萄糖苷酶活性测定，结果如图 3-9 所示。

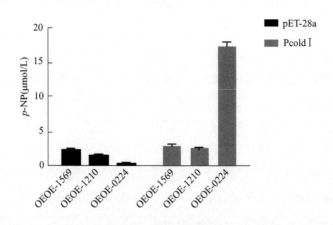

图 3-9　表达菌株裂解上清液 β-葡萄糖苷酶活性测定

对于表达质粒 pET-28a，三个目的基因表达菌株裂解上清液的 β-葡萄糖苷酶活性均处在较低水平，其中对 OEOE-0224 表达的活性最低，这与图 3-8（a）的结果一致，因为 pET-28a 对 OEOE-0224 基本不表达；对于表达质粒 Pcold Ⅰ，其对 OEOE-1569 和 OEOE-1210 这两个基因表达产物的 β-葡萄糖苷酶活性也很低，图 3-8 的结果显示 Pcold Ⅰ对 OEOE-1210 的表达效果较好，菌株裂解上清液中含有大量目的蛋白，但是酶活性却很低，说明该基因并不是酒酒球菌 SD-2a 具有高 β-葡萄糖苷酶活性的关键基因。综合图 3-8 和图 3-9 的结果，可以得出表达质粒 Pcold Ⅰ对目的基因 OEOE-0224 表达效果最好，目的蛋白的溶解性和酶活性均最高，因此后续选择对该蛋白进行进一步的分离纯化，纯化后的目的蛋白命名为 BGL0224。

3.2.3　重组酶 BGL0224 的分离纯化

重组酶 BGL0224 的分离纯化结果见表 3-7，以牛血清蛋白为标准品测定蛋白浓度，以对硝基苯基 β-D-吡喃葡萄糖苷为底物测定其 β-葡萄糖苷酶酶活性。结果显示，未经纯化的粗酶液中总蛋白含量为 676.69 mg，纯化后重组酶 BGL0224 的比活力达到 5.92 μkat/mg 蛋白，纯度提高了 147.98 倍，回收率为 14.58%。

表 3-7　重组酶 BGL0224 的纯化结果

纯化步骤	总蛋白（mg）	总活力（μkat）	比活力（μkat/mg）	纯化倍数	回收率（%）
粗酶液	676.69	27.18	0.04	1.00	100.00
His·Tag 重力柱	145.34	597.34	4.11	102.85	21.48
超滤管	98.66	584.07	5.92	147.98	14.58

如图 3-10 所示，SDS-PAGE 分析结果显示经过分离纯化后，泳道中只有目的蛋白单一条带，说明纯化效果良好，结合蛋白 marker 条带可以初步得知重组酶 BGL0224 的表观分子量约为 55 kDa。

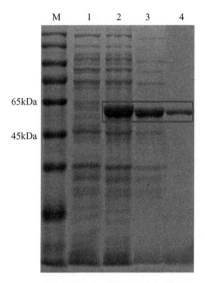

图 3-10　重组酶 BGL0224 表达和纯化结果的 SDS-PAGE 电泳图
M—marker；1—未诱导细胞；2—BGL0224 在粗酶液中的表达；
3—His-Tag 重力柱纯化；4—超滤管纯化

LC-MS/MS 检测目的蛋白 BGL0224 的肽段信息见表 3-8，共检测到肽段总数为 33 个，其中特异肽段数为 19 个，肽段覆盖率为 31.38%，检测目的蛋白 BGL0224 的等电点为 6.14，分子量为 55151.84 Da，该分子量大小与上述 SDS-PAGE 电泳检测结果一致。

表 3-8　LC-MS/MS 检测 BGL0224 的肽段信息

编号	序列	pI	得分
1	K.AHIQAM*IDAVQEDGVK.V	4.54	39.96
2	K.AHIQAM*IDAVQEDGVK.V	4.54	28.32
3	K.AREITDGIVK.G	6.11	50.59

编号	序列	pI	得分
4	K.AREITDGIVK.G	6.11	43.3
5	K.EDIKLFAEM*GFK.C	4.68	53.25
6	K.FYDQLFDECHK.Y	4.54	38.51
7	K.FYDQLFDECHK.Y	4.54	23.01
8	K.GLSVADIM*TAGANGK.A	5.84	39.1
9	K.GLSVADIM*TAGANGK.A	5.84	72.46
10	K.GLSVADIM*TAGANGK.A	5.84	25.22
11	K.GLSVADIM*TAGANGK.A	5.84	46.29
12	K.GLSVADIM*TAGANGK.A	5.84	34.86
13	K.GLSVADIM*TAGANGK.A	5.84	57.99
14	K.GLSVADIMTAGANGK.A	5.84	96.41
15	K.LFAEM*GFK.C	6.00	44.73
16	K.LFAEMGFK.C	6.00	41.17
17	K.QNNFRPDITSEDR.I	4.56	34.08
18	K.RYGFIYVDK.D	8.50	27.33
19	K.RYGFIYVDKDDQGK.G	6.04	38.11
20	K.YPENM*EVFLK.Q	4.53	55.18
21	K.YYPNHEAIDFYHR.Y	5.99	30.89
22	K.YYPNHEAIDFYHR.Y	5.99	44.7
23	K.YYPNHEAIDFYHR.Y	5.99	49.25
24	R.EITDGIVK.G	4.37	37.63
25	R.EITDGIVK.G	4.37	47.99
26	R.EITDGIVKGK.Y	6.17	37.63
27	R.FLM*ATNSGLILK.N	8.75	59.3
28	R.IFPNGDEEQPNEAGLK.F	4.00	92.21
29	R.TSIAWTR.I	9.41	46.07
30	R.YGFIYVDK.D	5.83	35.39
31	R.YGFIYVDKDDQGK.G	4.43	74.92
32	R.YGFIYVDKDDQGK.G	4.43	48.84
33	R.YKEDIK.L	6.07	22.9

3.3 讨论

为了深入研究酒酒球菌 SD-2a 中 β-葡萄糖苷酶的酶学性质，本章内容采用了分子生物学的技术手段，对酒酒球菌 SD-2a 中编码 β-葡萄糖苷酶的基因进行了克隆表达和分离纯化。值得一提的是，β-葡萄糖苷酶用途十分广泛，而仅仅通过分离筛选高产 β-葡萄糖苷酶的菌株以及优化产酶条件等手段并不能满足工业化要求。近年来，随着基因工程技术的飞速发展，基因克隆与异源表达成为获取高效 β-葡萄糖苷酶的重要途径。目前，已有来源于动物、植物、真菌、细菌和古细菌中的上百个 β-葡萄糖苷酶基因得到克隆表达。这些 β-葡萄糖苷酶基因的克隆表达基本上都是利用了大肠杆菌原核表达系统和毕赤酵母真核表达系统。例如，有研究人员从一株嗜盐热单胞菌的基因组中克隆得到了一种新型的 GH5 家族的 β-葡萄糖苷酶，将其在大肠杆菌 BG21（DE3）中进行了异源表达，得到了一个分子量为 49.6 kDa 且具有生物活性的蛋白产物（Zhang et al. 2015）；也有研究者将白蚁中的 β-葡萄糖苷酶基因在毕赤酵母中进行异源表达，得到了一种热稳定较高的 β-葡萄糖苷酶（Uchima et al. 2012）。

大肠杆菌原核表达系统作为最早用作基因表达的系统，具有表达效率高、操作简便、产物稳定、易分离纯化等多个优势，当然，该表达系统也具有一定的局限性：如缺乏转录后的加工机制，导致其不能表达真核生物的目的基因；缺乏翻译后的加工机制，导致所表达的蛋白常常以包涵体的形式存在，为研究目的蛋白的生物活性增添了一定的难度（Hayat et al. 2018；Mahalik et al. 2014）。

同样，毕赤酵母真核表达系统也具有一定的优势和劣势，可以对表达产物进行加工、外分泌、翻译后修饰、糖基化修饰以及安全、廉价的优点使其成为表达真核基因时应用最为普遍的表达系统。但另一方面，其缺乏强有力的受严格调控的启动子，分泌效率低，尤其是对于分子质量大于 30 kDa 的目的蛋白几乎不分泌，不适于高密度培养、操作难度高等劣势也限制了该表达系统的应用范围（Deng et al. 2017；Spohner et al. 2015）。

由于酒酒球菌 SD-2a 属于原核微生物，其所产生的 β-葡萄糖苷酶并不需要经过复杂的翻译后修饰、糖基化修饰等过程，因此本着快速、高效的原则，本研究选择采用大肠杆菌原核表达系统来对其 β-葡萄糖苷酶基因进行异源表达。

本章选用了 pET-28a 和 Pcold I 两种表达质粒构建目的基因表达载体，以寻求更适合于表达酒酒球菌 SD-2a 中 β-葡萄糖苷酶基因的表达质粒。结果显示，表达质粒 Pcold I 在表达目的蛋白时的表现要优于 pET-28a，其中一个很重要的原因就是经 pET-28a 表达的目的蛋白基本上都是以包涵体的形式存在。包涵体是指细菌在表达蛋白的过程中，由于缺乏某些蛋白质折叠的辅助因子或无法形成正确的次级键等原因导致的目的蛋白在细胞内聚集形成固体颗粒（Bruinzeel et al. 2012）。包涵体没有生物活性，必须经过变性和复性的过程才能恢复一部分活性，这为研究目的蛋白的生物活性增添了一定的难度。包涵体的变性需要经历三个步骤：破碎菌体、洗涤包涵体、溶解包涵体。小规模的蛋白表达采用机械破碎和超声破碎效果较好，较大规模的表达则需先经过溶菌酶溶解后再进行物理破碎。破碎菌体后离心可使大多数包涵体沉淀，然后再使用较低浓度的变性剂（一般是尿素或盐酸胍）洗涤包涵体，最后再使用强的变性剂如高浓度的尿素（6～8 mol/L）或者盐酸胍（6 mol/L）等通过离子间的相互作用，使包涵体蛋白质分子内和分子间的各种化学键断裂，达到溶解包涵体的目的。由于包涵体中的重组蛋白本身缺乏生物活性，再加上剧烈的变性过程，蛋白内部的高级结构被严重破坏，因此需要对重组蛋白进行复性处理以恢复其活性。蛋白的复性过程主要是通过缓慢去除变性剂使目标蛋白从变性状态恢复到正常的折叠结构，一般来说，包涵体蛋白的复性方法主要有稀释复性、透析复性、超滤复性和柱上复性四种。蛋白的复性过程非常复杂，复性的效果除了受到过程中的条件控制外，很大程度上也与复性蛋白自身的性质密切相关。有些蛋白很容易复性，复性的效率可以达到95%以上，而也有很多蛋白的复性效率只有不到百分之一，甚至找不到对其进行复性的方法。总体来说，蛋白质的复性效率在20%左右（Basu et al. 2011；Anselment et al. 2010）。可见，包涵体蛋白的变性和复性过程繁琐，成功率较低，本章尝试对pET-28a表达目的蛋白时形成的包涵体蛋白进行变性和复性以期恢复部分活力，但是收效甚微，因此，最终选择通过Pcold Ⅰ表达质粒来表达目标蛋白。Pcold Ⅰ表达质粒表达目的蛋白时不容易形成包涵体的原因是Pcold Ⅰ为冷表达质粒，表达过程所需温度较低（15℃），因此在表达目标蛋白时不会因为产率过高而超出菌体的正常代谢水平导致目标蛋白大量形成包涵体。

分别对酒酒球菌SD-2a中的三个β-葡萄糖苷酶基因OEOE-1569、OEOE-1210和OEOE-0224进行异源表达，得到了BGL1569、BGL1210、BGL0224三个重组目标蛋白。酶活性测定结果显示重组酶BGL0224的β-葡萄糖苷酶活性要显著高于BGL1569和BGL1210，说明重组酶BGL0224对酒酒球菌SD-2a的整体β-葡萄糖苷酶活性贡献最大，也说明了OEOE-0224是酒酒球菌SD-2a基因组中编码β-葡萄糖苷酶的关键基因，因此，后续的实验选择对重组酶BGL0224进行分离纯化以及酶学性质和催化机理探究。作为分子克隆技术的下游工作，酶的分离纯化十分复杂，因为在纯化的过程中除了要保证纯度外，还必须保持蛋白的生物活性。

一般来说，离子交换色谱、亲和层析和疏水作用层析是最常用的蛋白纯化方法，其中，亲和层析法是纯化目标蛋白的一种极为有效的方法，它一般只需经过一步处理即可使目标蛋白从复杂的蛋白质混合物体系中分离出来，而且纯度很高。该方法的原理是利用目标蛋白与配体分子的特异性结合而将目标蛋白分离出来。在亲和层析方法中，谷胱甘肽 S-转移酶（glutathione S-transferase，GST）是最常用的亲和层析纯化标签之一，带有此标签的重组蛋白可用交联谷胱甘肽的层析介质纯化，但使用此标签纯化目标蛋白也存在一些致命缺点：第一，目标蛋白上的 GST 必须能合适地折叠形成与谷胱甘肽结合的空间结构才适合用此方法纯化；第二，GST 标签由 220 个氨基酸组成，分子量很大，如此大的标签势必会在一定程度上影响目标蛋白的高级结构和生物活性（Hayes et al. 1995）。因此，为了避免这些缺点，另一种可以用于亲和层析的标签——六聚组氨酸（6 × His）标签成为研究的热点。六聚组氨酸标签是一种融合蛋白纯化和检测的常用标签，它的原理是基于组氨酸与镍离子的螯合作用，将含有六聚组氨酸标签的目标蛋白分离出来。该方法的优点是选择性高、稳定性好、对目的蛋白生物活性影响小等（Xu et al. 2014；Bruinzeel et al. 2012）。本研究就是利用了该方法，将目的基因与含有六聚组氨酸标签的 Pcold I 表达质粒相连接，得到具有六聚组氨酸的目的蛋白，再利用重力镍柱将目的蛋白分离出来。当然，该方法也不能将目标蛋白百分之百地分离纯化，因此，本研究还结合了超滤法来对重组酶 BGL0224 进一步纯化，以期在不影响蛋白高级结构和生物活性的前提下，得到更高纯度的重组蛋白。经过这两步纯化，重组酶 BGL0224 的比活力达到 5.92 μkat/mg，纯度提高了147.98 倍，纯化效果良好。

3.4 本章小结

（1）酒酒球菌 SD-2a 中有三个编码 β-葡萄糖苷酶的基因被成功克隆，分别是 OEOE-1569、OEOE-1210 和 OEOE-0224。

（2）相较于 pET-28a，表达质粒 Pcold I 更适合表达酒酒球菌 SD-2a 中的 β-葡萄糖苷酶基因。Pcold I 质粒不仅可以成功表达所有的三个 β-葡萄糖苷酶基因，而且其对 OEOE-0224 和 OEOE-1210 两个基因的表达还避免了包涵体的困扰。

（3）重组 β-葡萄糖苷酶 BGL0224 活性显著高于 BGL1569 和 BGL1210，说

明 OEOE-0224 是酒酒球菌 SD-2a 基因组中编码 β-葡萄糖苷酶的关键基因。

（4）通过对重组 β-葡萄糖苷酶 BGL0224 的分离纯化，酶的比活力达到 5.92 μkat/mg，纯度提高了 147.98 倍，回收率为 14.58%，SDS-PAGE 分析结果初步表明重组酶 BGL0224 的表观分子量约为 55 kDa。LC-MS/MS 结果证实 BGL0224 的分子质量为 55151.84 Da，等电点为 6.14。

第4章
重组 β-葡萄糖苷酶 BGL0224 的酶学性质表征

酒酒球菌在葡萄酒生产中应用广泛，原因之一就是其具有较高的 β-葡萄糖苷酶活性。目前对酒酒球菌 β-葡萄糖苷酶的研究主要集中在两个方面：一个是具有高 β-葡萄糖苷酶活性酒酒球菌菌株的筛选和鉴定，以及对其产酶条件的探索和优化（Mesas et al. 2012；Barbagallo et al. 2004）；另一个就是探究其对葡萄酒发酵过程的影响（Michlmayr et al. 2010）。然而，对于酒酒球菌所产 β-葡萄糖苷酶酶学性质深入挖掘的研究鲜有报道，本章在前面几章研究内容的基础上，对重组 β-葡萄糖苷酶 BGL0224 的酶学性质进行了表征。

蛋白的氨基酸序列中包含着大量的生物信息，因此，分析蛋白的氨基酸序列并深入挖掘这些潜在的信息，可以使我们对蛋白有一个初步的认识。另外，酶的作用效果与环境条件密切相关，各种环境因素例如温度、pH、乙醇、葡萄糖的胁迫等会影响 β-葡萄糖苷酶的活性，而且影响的程度因 β-葡萄糖苷酶的来源或者类别的不同而有所差异（Mansfield et al. 2002）。酶的化学本质是蛋白质，也有一级、二级、三级乃至四级结构，它的催化特性也是建立在结构特异性的基础上的。酶促反应动力学是一门主要研究酶的催化反应速率以及探讨各种因素（酶浓度、底物浓度、pH 值、温度等）对酶促反应速率影响的科学，通过酶促反应动力学的研究，准确把握酶促反应的条件，可以在实际生产中充分发挥酶的催化作用（Mazzei et al. 2016）。

在第3章中，我们利用分子生物学的技术手段成功将酒酒球菌 SD-2a 中的 β-葡萄糖苷酶基因 OEOE-0224 在大肠杆菌中表达，并通过一系列的分离纯化步骤得到了重组 β-葡萄糖苷酶 BGL0224。本章内容旨在表征该重组酶的酶学性质，从酶的生物信息学分析入手，通过基本理化性质测定、初步的结构表征以及酶促反应动力学研究，以期对重组酶 BGL0224 有更全面的认识，为后面进一步研究其催化机理奠定基础。

4.1 重组酶 BGL0224 的酶学性质表征

4.1.1 试验材料与试剂

第 3 章中分离纯化得到的重组酶 BGL0224 的冻干粉末。

对硝基苯酚（p-NP）、对硝基苯基 β-D-吡喃葡萄糖苷（p-NPG）、二甲基亚砜（DMSO-d6）购自上海源叶生物科技有限公司。溴化钾、无水乙醇、十六烷基三甲基溴化铵（CTAB）、乙二胺四乙酸（EDTA）、十二烷基硫酸钠（SDS）、二硫苏糖醇（DTT）、聚乙二醇辛基苯基醚（Triton-X100）、失水山梨醇单油酸酯聚氧乙烯醚（Tween-80）、磷酸二氢钠、十二水合磷酸氢二钠、磷酸二氢钾、碳酸钠、氯化钾、氯化钠、氯化钙和其他金属离子盐均购自北京索莱宝科技有限公司。

4.1.2 主要仪器

PHS-3C 型 pH 计	上海雷磁仪器厂
真空冷冻干燥机 FD5-3	金西盟（北京）仪器有限公司
KH-250DE 型数控超声波清洗机	昆山禾创超声仪器有限公司
循环水式多用真空泵	郑州长城科工贸有限公司
紫外可见分光光度计 UV2550	日本岛津公司
荧光分光光度计 LS55	美国 PERKINELMER 公司
傅里叶红外光谱仪 MPA	德国 Bruker 公司
核磁共振仪 AVANCE Ⅲ	德国 Bruker 公司
多功能酶标仪 victorX3	美国 PERKINELMER 公司

4.1.3 生物信息学分析

将第 3 章中构建的表达载体 Pcold Ⅰ-0224 送样测序，得到编码重组酶 BGL0224 目的基因的碱基序列，然后将碱基序列翻译为氨基酸序列后进行生物信息学分析，并将重组酶 BGL0224 的氨基酸序列与其他细菌中鉴定出的 4 种不同的 GH1 蛋白进行多序列比对。

其中，疏水性分析、跨膜结构预测、信号肽预测、多序列比对、多序列比对结果可视化等工作涉及的网址参见配书资源中的相关文档。

4.1.4　最适反应温度及热稳定性测定

BGL0224 的最适反应温度测定：

（1）将重组酶 BGL0224 的冻干粉末溶解于 20 mmol/L 磷酸钠缓冲液（pH 5.0）中，使其终浓度为 10 mg/mL。

（2）用磷酸钠缓冲液配制浓度为 25 mmol/L 的 p-NPG 底物溶液。

（3）取步骤（1）中的重组酶溶液 10 μL 和步骤（2）中的底物溶液 490 μL，于 5 mL 离心管中混匀。

（4）将 500 μL 的上述混合液在 30 ～ 80℃（以 5℃为间隔设置温度梯度）的温度范围内孵育 30 min，使酶和底物充分反应。

（5）向反应混合液中添加 500 μL 1 mol/L 的 Na_2CO_3 溶液以终止反应并显色。

（6）在 420 nm 波长下测定反应混合液的吸光度值并根据 3.1.6 小节中测定的标准曲线计算 β-葡萄糖苷酶活性。

为了进一步测定重组酶 BGL0224 的热稳定性，上述步骤（4）改为将 500 μL 的反应混合液在 30 ～ 70℃（以 10℃为间隔设置温度梯度）的温度范围内孵育 6 h。然后分别在 1 h、2 h、3 h、4 h、5 h 和 6 h 时测定 β-葡萄糖苷酶活性，其余条件不变。

以上所有测定重复三次。

4.1.5　最适反应 pH 及 pH 稳定性测定

BGL0224 的最适反应 pH 测定：

（1）将重组酶 BGL0224 的冻干粉末溶解于不同 pH 的 20 mmol/L 磷酸钠缓冲液（pH 值范围为 2.5 ～ 7.5，梯度为 0.5）中，使其终浓度为 10 mg/mL。

（2）用不同 pH 的磷酸钠缓冲液（pH 值范围为 2.5 ～ 7.5，梯度为 0.5）配制浓度为 25 mmol/L 的 p-NPG 底物溶液。

（3）取相同 pH 的步骤（1）中的重组酶溶液 10 μL 和步骤（2）中的底物溶液 490 μL，于 5 mL 离心管中混匀。

（4）将 500 μL 的上述混合液在 4.1.4 小节中测得的最适反应温度下孵育 30

min，使酶和底物充分反应。

（5）向反应混合液中添加 500 μL 1 mol/L 的 Na_2CO_3 溶液以终止反应并显色。

（6）在 420 nm 波长下测定反应混合液的吸光度值并根据 3.1.6 小节中测定的标准曲线计算 β-葡萄糖苷酶活性。

为了进一步测定重组酶 BGL0224 的 pH 稳定性，将上述步骤（1）中配制的重组酶溶液预先在 4℃条件下孵育 12 h 后，再进行后续操作，其余条件均不变。

以上所有测定重复三次。

4.1.6　最适乙醇浓度及乙醇耐受性测定

BGL0224 的最适乙醇浓度测定：

（1）将重组酶 BGL0224 的冻干粉末溶解于不同浓度的乙醇溶液（浓度范围 0% ～ 20%，梯度 4%）中，使其终浓度为 10 mg/mL。

（2）用不同浓度的乙醇溶液（浓度范围 0% ～ 20%，梯度 4%）配制浓度为 25 mmol/L 的 p-NPG 底物溶液。

（3）取相同乙醇浓度下的步骤（1）中的重组酶溶液 10 μL 和步骤（2）中的底物溶液 490 μL，于 5 mL 离心管中混匀。

（4）将 500 μL 的上述混合液在 4.1.4 小节中测得的最适反应温度及 4.1.5 小节中测得的最适反应 pH 下孵育 30 min，使酶和底物充分反应。

（5）向反应混合液中添加 500 μL 1 mol/ 的 Na_2CO_3 溶液以终止反应并显色。

（6）在 420 nm 波长下测定反应混合液的吸光度值并根据 3.1.6 小节中测定的标准曲线计算 β-葡萄糖苷酶活性。

为了进一步测定重组酶 BGL0224 的乙醇耐受性，将上述步骤（1）中配制的重组酶溶液预先在 4℃条件下孵育 12 h 后，再进行后续操作，其余条件均不变。

以上所有测定重复三次。

4.1.7　不同添加物对 BGL0224 酶活性的影响

（1）将重组酶 BGL0224 的冻干粉末溶解于 20 mmol/L 磷酸钠缓冲液（pH 5.0）中，使其终浓度为 10 mg/mL。

（2）用磷酸钠缓冲液配制浓度为 25 mmol/L 的 p-NPG 底物溶液。

（3）配制不同浓度（0.1 mmol/L、0.5 mmol/L、1 mmol/L、5 mmol/L 和 10

mmol/L）的金属离子（K^+、Na^+、Li^+、Hg^+、Ag^+、Mg^{2+}、Ca^{2+}、Zn^{2+}、Ba^{2+}、Mn^{2+}、Cu^{2+}、Fe^{2+}、Fe^{3+}、Al^{3+}）的盐溶液和添加物（EDTA、SDS、DTT、Triton-X100、Tween-80）溶液。

（4）取步骤（1）中的重组酶溶液 10 μL，步骤（2）中的底物溶液 490 μL 以及步骤（3）中不同浓度的添加物溶液 500 μL 分别于 5 mL 离心管中混匀。

（5）将 1 mL 的上述混合液在 4.1.4 小节中测得的最适反应温度及 4.1.5 小节中测得的最适反应 pH 下孵育 30 min，使酶和底物充分反应。

（6）向反应混合液中添加 1 mL 1 mol/L 的 Na_2CO_3 溶液以终止反应并显色。

（7）在 420 nm 波长下测定反应混合液的吸光度值并根据 3.1.6 小节中测定的标准曲线计算 β-葡萄糖苷酶活性。

通过软件 SPSS 19.0 中的 Probit analysis 功能拟合相应的函数以计算各种金属离子和添加物对重组酶 BGL0224 的半抑制浓度（IC_{50}）。半抑制浓度是指当酶活性为 50% 时抑制剂的浓度。

以上所有测定重复三次。

4.1.8　结构检测

（1）紫外吸收光谱。将重组酶 BGL0224 冻干粉末溶于磷酸钠缓冲液中至终浓度为 1.0 mg/mL，然后取酶溶液 3 mL 加入到 1 cm 的石英比色皿中，以未添加 BGL0224 的磷酸钠缓冲液作为对照，室温条件下在 200 ～ 400 nm 的波长范围内进行扫描，检测重组酶 BGL0224 的紫外吸收光谱。

（2）荧光光谱。将重组酶 BGL0224 冻干粉末溶于磷酸钠缓冲液中至终浓度为 1.0 mg/mL，然后取酶溶液 3 mL 加入到 1 cm 四面透光的石英比色皿中，设置仪器激发光和发射光的狭缝宽度分别为 2.5 nm 和 9 nm，激发波长为 339 nm，然后室温条件下在 370 ～ 550 nm 的波长范围内进行扫描，检测重组酶 BGL0224 的荧光光谱。

（3）傅里叶红外光谱

① 测定前将 KBr 粉末（光谱级）在 60℃条件下放置 5 h，使其完全干燥。

② 取干燥完成的 KBr 粉末约 100 mg 加入到研钵中，再向其中加入 1 mg 重组酶 BGL0224 的冻干粉末，充分混合。在红外灯下将上述混合粉末研细，然后将研磨好的粉末加入到模具中，将模具放入压片机。

③ 关闭压片机的放气阀，转动手柄，压紧模具，保持约 1 ~ 2 min，待粉末定型后打开放气阀，取出模具。

④ 将制好的 KBr 薄片轻放入样品架中并拉紧盖子，通过软件设置仪器的测定模式和参数，先扫描空光路的背景信号，再扫描样品信号，然后经傅里叶变换得到样品的傅里叶红外光谱图。

（4）核磁共振检测。将 10 mg 冷冻干燥的 BGL0224 粉末溶解在 DMSO-d6（99.9%）中，转移至 5 mm 核磁管。然后，置于 Bruker Avance 500 MHz 光谱仪系统，使用 5 mm BBFO 超低温探针记录 BGL0224 的 ^{1}H-NMR 和 ^{13}C-NMR 的化学位移参数，以耦合常数（coupling constants，J）表示（Braunberger et al. 2013）。

4.1.9 酶促反应动力学常数测定

通过底物 p-NPG 测定重组酶 BGL0224 的最大反应速率 V_{max}、米氏常数 K_m 和转化数 K_{cat}，具体测定方法为：

（1）用磷酸钠缓冲液（pH 5.0）配制不同浓度的 p-NPG（0.1 mmol/L、0.2 mmol/L、0.5 mmol/L、1.0 mmol/L、2.0 mmol/L、5.0 mmol/L、8.0 mmol/L、10 mmol/L、12 mmol/L、15 mmol/L、20 mmol/L、25 mmol/L）底物溶液。

（2）取步骤（1）中不同浓度的底物溶液 500 μL 分别加入到离心管中，向每支离心管中各加入 100 μg 的重组酶 BGL0224 冻干粉末。

（3）将步骤（2）中的反应混合液放入最适反应温度的水浴锅中分别温育 0 min、5 min、10 min、15 min、20 min、25 min 和 30 min，然后向各个反应体系中分别加入 500 μL 1 mol/L 的 Na$_2$CO$_3$ 溶液以终止反应并显色。

（4）在 420 nm 波长下测定反应混合液的吸光度值并计算出特定底物浓度下不同反应时间对应的酶产物 p-NP 的量。

（5）利用软件 Origin 8.0 中的 "Hill" 函数对特定底物浓度下反应体系中酶产物量-反应时间进行拟合（Liao et al. 2003），得到反应的米氏方程（Michaelis Menten equation），进一步得出重组酶 BGL0224 的最大反应速率 V_{max} 和米氏常数 K_m。

（6）由测定的 V_{max} 值计算酶的催化常数 K_{cat}，计算公式为：$K_{cat}=(V_{max}M_{BGL0224})/m$，式中 $M_{BGL0224}$ 为重组酶 BGL0224 的分子质量（55151.84 Da），m 为酶促反应体系

中重组酶 BGL0224 的质量（100 μg）。

4.2　酶学性质的表征结果与分析

4.2.1　BGL0224 的生物信息学分析

　　蛋白质的疏水区是判断其是否具有潜在跨膜区的依据之一。本章利用 ExPaSy 的 Proscale 功能对重组酶 BGL0224 进行了疏水性分析。结果如图 4-1 所示，横轴代表氨基酸位点，纵轴代表每个位点氨基酸的疏水值。BGL0224 所含氨基酸残基的疏水性最大值为 1.900，出现在第 221 位氨基酸处，最小值为 -2.944，出现在第 102 位氨基酸处。总体而言，以疏水值零为分界线，可以明显地看出重组酶 BGL0224 所含的大部分氨基酸的疏水性为负值，表明该蛋白的整体疏水性较弱，而且图中没有典型的疏水区，预测其为亲水性蛋白。

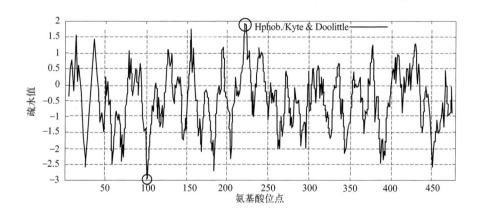

图 4-1　重组酶 BGL0224 的疏水性分析

　　蛋白质的跨膜结构一般由 20 ～ 30 个疏水性氨基酸组成，跨膜结构预测可以帮助我们分析蛋白质的定位，重组酶 BGL0224 的跨膜结构预测结果如图 4-2 所示。图 4-2 中，红色线条表示跨膜区，蓝色线条代表细胞内部，紫色线条代表细胞外部，如果蛋白含有跨膜结构域，则蓝色线条和紫色线条之间会通过红色线条连接，显然图中并没有红色线条代表的跨膜区，因此该酶没有跨膜结构。

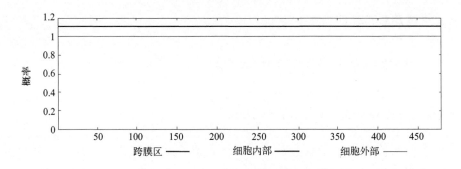

图 4-2　重组酶 BGL0224 的跨膜结构预测

信号肽（signal peptides，SPS）位于分泌型蛋白的肽链氮端，一般由 15 ~ 30 个氨基酸组成，它的功能就是引导蛋白质在不同亚细胞器内的运输，信号肽的预测可以帮助我们了解目的蛋白是否为分泌蛋白。本研究利用 SignalP 5.server 软件对重组酶 BGL0224 中的 Sec/SPI、Tat/SPI 和 Sec/SPII 三种类型的信号肽进行了预测，结果如图 4-3 所示。重组酶 BGL0224 氨基酸序列中三种类型信号肽的得分均较低，说明该酶不含信号肽，为非分泌型蛋白。

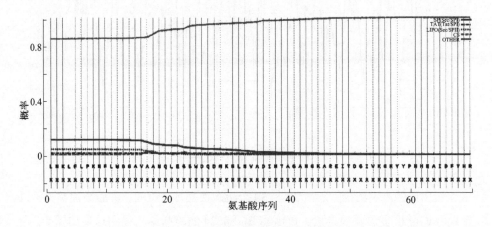

图 4-3　重组酶 BGL0224 的信号肽预测

测序结果显示重组酶 BGL0224（GenBank 登录号：MT330371）的基因长度为 1443 bp，编码 480 个氨基酸残基，属于糖苷水解酶第一家族（GH1）。通过将 BGL0224 的氨基酸序列与其他四种来自不同细菌（酒酒球菌、大肠杆菌、植物乳杆菌和枯草芽孢杆菌）但同属于 GH1 的 β-葡萄糖苷酶的氨基酸序列进行比对，可以了解它们的结构和功能之间的联系。多序列比对结果如图 4-4 所示，图 4-4 中相似的序列用方框标记，相同的序列用红色突出显示。结果表明，BGL0224 与来自酒酒球菌 PSU-1 的 β-葡萄糖苷酶 Q04H61 的序列相似性最高，达到了 98.75%（474/480），与来自大肠杆菌 K12 的 β-葡萄糖苷酶 Q46829 的序列相似性为 57.47%（275/479），与来自植物乳杆菌的 β-葡萄糖苷酶 A0A0M4RT85 的序列相似性为 49.49%（239/482），与来自枯草芽孢杆菌 168 的 β-葡萄糖苷酶 O05508 的序列相似性为 28.40%（132/465）。在 5 个 β-葡萄糖苷酶序列中，存在许多保守的氨基酸片段，对 GH1 家族蛋白氨基酸序列的生物信息学分析表明，这些保守片段中的氨基酸残基分别充当了 GH1 家族的酸 / 碱和亲核催化剂的潜在残基（Bhatia et al. 2002）。

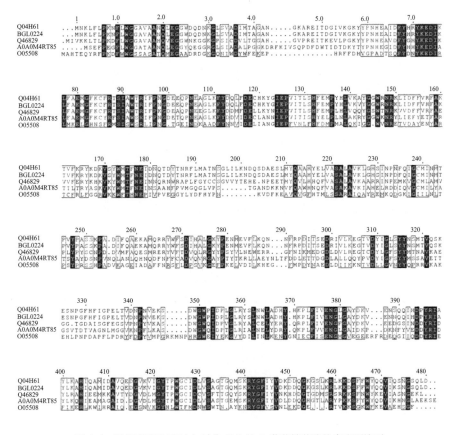

图 4-4　重组酶 BGL0224 与其他 GH1 的 β-葡萄糖苷酶的多序列比对

4.2.2 BGL0224 的基本理化性质

重组酶 BGL0224 的最适反应温度和热稳定性的测定结果如图 4-5 所示。从图 4-5（a）可以看出，BGL0224 催化底物 p-NPG 时的最适反应温度为 50℃，这是一个相对较高的催化温度。当温度在 30 ～ 65℃时，BGL0224 的催化活性保持在较高水平，均超过了 50%；当温度高于 70℃时，酶的活性开始显著下降。此外，重组酶 BGL0224 也显示出良好的热稳定性。如图 4-5（b）所示，BGL0224 在 30 ～ 50℃的条件下十分稳定，酶活性一直保持较高水平，且孵育时间对酶活性基本没有影响，尤其是在 60℃孵育 6 h 后，酶的活性仍然维持在约 50%，然而，当该酶在 70℃下孵育时，酶活性出现急剧下降，6 h 后其活性降到 10% 以下。

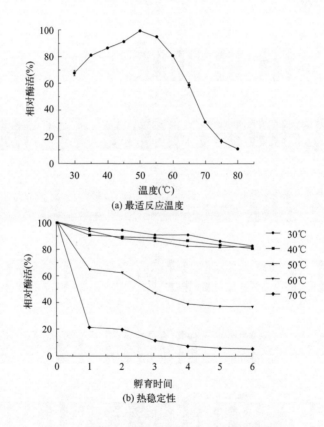

(a) 最适反应温度

(b) 热稳定性

图 4-5　重组酶 BGL0224 的最适反应温度和热稳定性

重组酶 BGL0224 的最适反应 pH 和 pH 稳定性的测定结果如图 4-6 所示。图 4-6 中，BGL0224 催化底物 p-NPG 时的最适反应 pH 为 5.0，当 pH 在 3.0 ～ 6.0

时，BGL0224 的催化活性保持在较高水平，均高于 50%，表明 BGL0224 在酸性环境中具有更强的催化能力，当 pH 值大于 6.0 时，BGL0224 的酶活性则显著降低，在 pH 为 7.5 的条件下，该酶的活性不足 10%。另外，在图 4-6 中两条曲线的趋势基本相同，表明 BGL0224 在不同 pH 的缓冲液中孵育 12 h 后，酶的活性与初始测定值没有太大差异，说明 BGL0224 具有良好的 pH 稳定性。

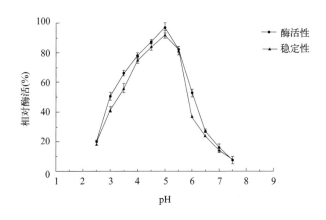

图 4-6　重组酶 BGL0224 的最适反应 pH 和 pH 稳定性

重组酶 BGL0224 的最适乙醇浓度和乙醇耐受性的测定结果如图 4-7 所示。结果表明，0～20% 的乙醇浓度对 BGL0224 的催化活性均有一定的促进作用，尤其是当乙醇浓度为 12% 时，酶的活性最高，相对酶活性甚至达到 300%。重组酶 BGL0224 乙醇耐受性的测定结果与最适乙醇浓度的结果基本一致，没有显著差异。对于大多数 β-葡萄糖苷酶而言，乙醇的存在会抑制酶的活性，而 BGL0224 对酒精环境的偏爱可能会为其应用前景带来新的启示。

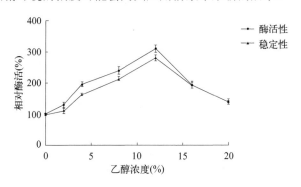

图 4-7　重组酶 BGL0224 的最适乙醇浓度和乙醇耐受性

表 4-1 展示了不同金属离子和添加物对重组酶 BGL0224 活性的影响。结果表明，K^+、Na^+ 和 Hg^+ 对酶的催化活性基本没有影响；Ba^{2+} 和 Li^+ 对酶的催化活性略有促进作用，在 Ba^{2+} 和 Li^+ 存在时，BGL0224 的相对活性分别为 103.26% 和 101.81%，预示着这两种离子可作为重组酶 BGL0224 的活化剂进行进一步的研究和开发；而其余的金属离子对 BGL0224 的活性均有一定的抑制作用，其中，Ag^+ 和 Mg^{2+} 对 BGL0224 酶活性的抑制作用较弱，为 0～10%，Ca^{2+}、Zn^{2+}、Mn^{2+}、Cu^{2+} 和 Fe^{2+} 对 BGL0224 酶活性的抑制作用较强，达到了 65%～80%，而 Al^{3+} 和 Fe^{3+} 对 BGL0224 酶活性的抑制作用最为显著，分别为 90% 和 97%，也就是说在 Al^{3+} 和 Fe^{3+} 的存在下，重组酶 BGL0224 的 β-葡萄糖苷酶活性基本为零。此外，本研究还评估了其他添加剂（EDTA、SDS、DTT、Triton-X100 和 Tween-80）对重组酶 BGL0224 活性的影响。结果显示，EDTA，SDS 和 DTT 对酶活性的抑制作用较小，表明在这些添加剂存在下，该酶仍具有催化能力；而对酶的活性抑制作用最强的是 Tween-80，抑制作用接近 95%，其次是 Triton-X100，抑制作用也超过了 80%。

表 4-1 不同金属离子和添加物对重组酶 BGL0224 活性的影响

添加物	浓度（mmol/L）	相对活性（%）	半抑制浓度 IC_{50}（mmol/L）
K^+	5	99.17 ± 0.54	—
Na^+	5	100.00 ± 1.00	—
Li^+	5	101.81 ± 2.55	活化剂
Hg^+	5	98.58 ± 2.91	—
Ag^+	5	90.77 ± 1.12	7.98
Mg^{2+}	5	95.61 ± 0.98	9.23
Ca^{2+}	5	33.54 ± 2.96	3.89
Zn^{2+}	5	32.61 ± 3.18	3.06
Ba^{2+}	5	103.26 ± 3.62	活化剂
Mn^{2+}	5	25.79 ± 3.64	2.99
Cu^{2+}	5	22.30 ± 5.23	2.07
Fe^{2+}	5	26.32 ± 3.72	2.28
Fe^{3+}	5	3.23 ± 0.60	0.24
Al^{3+}	5	10.03 ± 1.97	0.28
EDTA	5	67.11 ± 8.08	6.50
SDS	5	82.47 ± 1.42	7.84
DTT	5	84.85 ± 2.11	7.70

添加物	浓度（mmol/L）	相对活性（%）	半抑制浓度 IC_{50}（mmol/L）
Triton-X100	0.2%	17.81 ± 0.40	—
Tween-80	0.2%	5.77 ± 0.27	—

4.2.3　BGL0224 的结构初步表征

为了了解重组酶 BGL0224 的结构，本研究通过光谱法对其结构进行了初步表征，主要内容包括紫外吸收光谱、荧光吸收光谱和傅里叶红外光谱，结果如图 4-8 所示。BGL0224 的紫外吸收光谱检测到两个吸收峰，其中约 210 nm 处的吸收峰 P1 是溶剂的吸收峰，因此没有特别的意义；另一个在 260～280 nm 处的峰 P2 是重组酶 BGL0224 的紫外吸收峰，说明该酶在 260～280 nm 的波长下有着最强的紫外吸收。重组酶 BGL0224 的荧光光谱结果如图 4-8（b）所示，当激发波长为 339 nm 时，该酶在 440 nm 处有最大发射波长。重组酶 BGL0224 的傅里叶红外光谱结果如图 4-8（c）所示，结果显示有四个不同的吸收峰，在 3449 cm^{-1} 处有一个明显的宽峰 P1，这是蛋白结构中 O—H 键和 N—H 键拉伸振动的叠加形成的，表明该酶的分子结构中存在着强烈的氢键相互作用；在 1557 cm^{-1} 处的强烈红外峰 P2 则是 C=C 键的拉伸振动形成的，其中共轭效应降低了 C=C 键的振动力常数并将吸收移至低频，从而导致了吸收峰的分裂；另外两个吸收峰，1104 cm^{-1} 处的 P3 和 651 cm^{-1} 处的 P4 则分别代表了 C—O 的拉伸振动和 COO$^-$ 的变角振动。

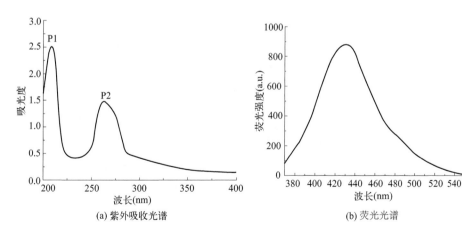

(a) 紫外吸收光谱　　　　　　　　　(b) 荧光光谱

图 4-8

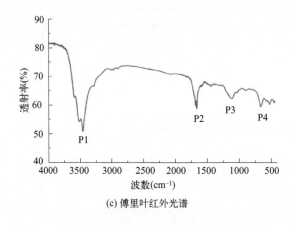

(c) 傅里叶红外光谱

图 4-8　重组酶 BGL0224 的光谱分析

重组酶 BGL0224 的 ^{13}C-NMR 积分曲线如图 4-9 所示。结果显示该蛋白分子中碳的化学位移在 30 ～ 170 ppm，具体为：^{13}C-NMR（126 MHz，Chloroform-d）δ：161.31，146.67，140.27，132.14，118.83，75.00，74.25，72.19，65.40，61.59，42.80 和 36.80。整体而言，根据化学位移值的不同，这些碳大致可以被分为三类：①区域中曲线的化学位移在 30 ～ 50 ppm，其代表的是蛋白分子结构中饱和烷烃上的碳有关的信号；②区域中曲线的化学位移值在 60 ～ 80 ppm，其代表的是与不饱和烷烃尤其是炔烃上的碳有关的信号；③区域中曲线的化学位移值在 120 ～ 170 ppm，其代表的则是酶的化学结构中肽键上的碳以及芳香碳的相关信号。

重组酶 BGL0224 的 ^{1}H-NMR 积分曲线如图 4-10 所示。结果显示该蛋白分子中氢的化学位移和耦合常数（J）为：^{1}H-NMR（500 MHz，DMSO-d6）δ：10.25（s，1H），7.65（s，1H），7.29（d，J=8.3 Hz，1H），7.03（s，2H），6.87（t，J =7.7 Hz，2H），4.65（s，1H），4.06（d，J= 4.6 Hz，2H），3.75（d，J= 4.9 Hz，2H），3.60（s，2H），3.53（s，28H），1.70（s，1H），1.32（s，3H），1.26（s，3H），1.18（d，J= 4.3 Hz，1H），0.90 ～ 0.73（m，5H），0.70（s，4H）和 0.03（s，1H）。整体而言，所有氢的化学位移值在 0.03 ～ 10.25 ppm，同样的，根据化学位移值的不同，这些氢也被大致分为三类：①区域中曲线的化学位移值在 0.03 ～ 1.8 ppm，其代表的是蛋白分子结构中与烷氢、烯氢和炔氢的氨基酸残基有关的信号；②区域中曲线的化学位移值在 3.3 ～ 4.0 ppm，其代表的是与醛基氢的氨基酸残基有关的信号；剩余的氢集中在化学位移值为 6.75 ～ 7.75 ppm 的③区域内，该区域则是

芳香族氢的典型特征区域。

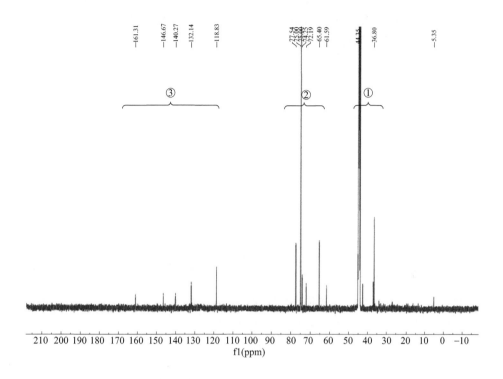

图 4-9 重组酶 BGL0224 的 ^{13}C-NMR 积分曲线

4.2.4 BGL0224 的酶促反应动力学参数

重组酶 BGL0224 和底物 p-NPG 反应体系的 OD 值-底物浓度变化的拟合曲线如图 4-11 所示，根据曲线方程计算可得 BGL0224 催化底物 p-NPG 的最大反应速率 V_{max} 值为（382.81±7.76）μmol/（L·min·mg），米氏常数 K_m 值为（0.34±0.04）mmol/L。将该结果与来源于其他微生物 β-葡萄糖苷酶的动力学参数相比较（表 4-2），可以得到，重组酶 BGL0224 的 K_m 值低于表中大部分的 β-葡萄糖苷酶，而 V_{max} 值高于大部分的 β-葡萄糖苷酶，说明 BGL0224 与底物 p-NPG 有着较强的亲和力以及较高的催化速率。如表 4-2 所示，重组酶 BGL0224 的催化常数 K_{cat} 值为 351.88 s^{-1}，特异性常数 K_{cat}/K_m 的值为 1034.94 L/（s·μmol），整体而言，相较于其他微生物来源的 β-葡萄糖苷酶，BGL0224 对底物 p-NPG 表现出更好的催化效率和亲和力。

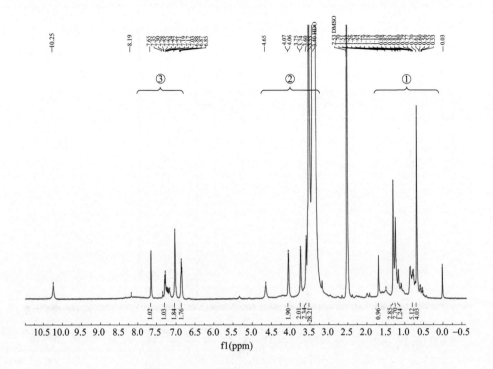

图 4-10　重组酶 BGL0224 的 ¹H-NMR 积分曲线

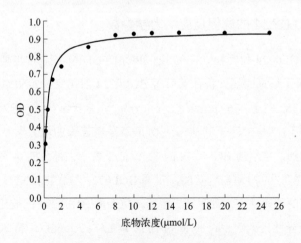

图 4-11　反应体系的 OD 值-底物浓度拟合曲线

表 4-2　重组酶 BGL0224 与其他 GH1 家族 β-葡萄糖苷酶的动力学参数

来源	K_m (mmol/L)	V_{max} [μmol/ (L·min·mg)]	K_{cat} (s^{-1})	K_{cat}/K_m [L/ (s·μmol)]	参考文献
Oenococcus oeni SD-2a	0.34±0.04	382.81±7.76	351.88	1034.94	本研究
Anoxybacillus sp. DT3-1	0.22	923.70	812.70	3694.09	Chan et al. 2016
Jeotgalibacillus malaysiensis	0.50±0.02	39.48±0.63	33.93	67.86	Liew et al. 2018
Thermotoga thermarum DSM 5069 T	0.59	142.00	101.00	171.18	Zhao et al. 2013
Neosartorya fischeri NRRL181	2.80	1693.00	98190.00	35060.00	Ramachandran et al. 2012
Exiguobacterium sp. DAU5	2.33	31.60	—	—	Fang et al. 2010

注：表中数据均以对硝基苯基 β-D-吡喃葡萄糖苷（p-NPG）为底物测得。

4.3　讨论

本章在第 3 章内容的基础之上深入研究了重组酶 BGL0224 的酶学特性，主要包括对该酶氨基酸序列的生物信息学分析、理化性质测定、结构的初步表征以及酶促反应动力学参数的测定。

生物信息学分析结果表明重组酶 BGL0224 属于糖苷水解酶第一家族（GH1），且为细胞质内的亲水蛋白，不含信号肽，这些性质与绝大多数已报道的 β-葡萄糖苷酶一致（Barbagallo et al. 2004）。作为一种胞内酶，该重组酶没有跨膜结构，在自然状态下无法在细胞外起催化作用，而酒酒球菌 SD-2a 的完整细胞具有很高的 β-葡萄糖苷酶活性，对这一现象的解释更多集中于底物的转运方面。有研究人员认为，磷酸烯醇式丙酮酸转移酶系统（PEP-PTS）在底物的转运过程中发挥着重要作用，通过该转运系统的协助，底物透过细胞壁，经细胞膜运输到细胞内，在细胞内经过 β-葡萄糖苷酶酶解后，产物又经细胞膜被运输到细胞外，因此酒酒球菌 SD-2a 的完整细胞也具有很高的 β-葡萄糖苷酶活性（Grimaldi et al. 2005；Guilloux-Benatier et al. 1993）。

最适反应温度和热稳定性的实验结果显示重组酶 BGL0224 具有较高的最适催化温度，表明 BGL0224 具有较强的温度耐受性和热稳定性。根据之前已报道的研究，动植物来源的 β-葡萄糖苷酶的最适反应温度约为 40℃，而微生物来源的 β-葡萄糖苷酶的最适反应温度普遍更高一些（Phimonphan et al. 2007），大多数微生物来源的β-葡萄糖苷酶在 60℃以下是稳定的。例如，来自短乳杆菌的β-葡萄糖苷酶在 30℃的条件下热稳定性良好，来自巴斯德毕赤酵母的β-葡萄糖苷酶在 50℃的条件下仍可以稳定地发挥催化作用（Wu et al. 2016；Tian et al. 2015）。在本研究中，BGL02024 在较高温度下仍具有活性，说明该酶对温度条件的要求并不苛刻，这也为其广泛应用奠定了基础。

重组酶 BGL0224 的最适反应 pH 和 pH 稳定性测定结果显示，当 pH 在 3.0 ～ 6.0 时，BGL0224 的酶活仍高于 50%，表明该重组酶在酸性环境中具有很强的催化能力。值得一提的是，不同来源的β-葡萄糖苷酶的最适 pH 值差异很大，例如来自棘孢曲霉的β-葡萄糖苷酶的最适反应 pH 值为 5.0，来自海洋细菌的β-葡萄糖苷酶的最适催化 pH 则达到了 8.0（Yu et al. 2018；Sun et al. 2018a）。在本研究中，当 pH 值大于 6.0 时，重组酶 BGL0224 的酶活性显著降低，这是由于酶发挥催化作用的前提是催化基团需要保持在正确的电离状态，而在催化反应中，催化性谷氨酸需要起酸的作用，较高的 pH 值可能会使离子质子化变得不稳定并阻碍催化反应，进而导致酶活性的降低，这也是大部分的酶对 pH 较为敏感的原因。

乙醇对酶活性和稳定性影响的实验结果表明 0 ～ 20% 的乙醇浓度范围对 BGL0224 的酶活性有一定的促进作用，尤其是当乙醇浓度为 12% 时，BGL0224 的相对活性甚至达到 300%，活性提升了约两倍。关于乙醇浓度对 BGL0224 稳定性的影响，其结果与酶活性的结果基本一致，没有显著差异。BGL0224 对于乙醇表现出较高的耐受性，是由于它是来自于酒酒球菌 SD-2a，该菌株在葡萄酒的酿造过程中起作用，因此，长时间的环境驯化导致了该菌株所产β-葡萄糖苷酶对酒精环境的耐受。对于大多数β-葡萄糖苷酶而言，酒精的存在会抑制酶的活性，但一些研究得出的结论却恰恰相反。根据一些已报道的研究，一方面，乙醇对酶活性的促进作用可能是由于额外的氢键增强了酶的稳定性或者导致了某些残基的改变；另一方面，氨基酸序列中某些特定基序的存在，增强了β-葡萄糖苷酶对乙醇的耐受性（Fusco et al. 2018；Fang et al. 2016），当然，对该酶的结构进行更深入的解析可以帮助我们更好地解释这种现象。另外，在生物质能源转化领域，乙醇是木质纤维素分解的最终产物，也是限制纤维素酶催化效率的主要因素之一，而 BGL0224 对酒精环境的偏爱可能会为提高纤维素酶的催化效率提供新的启示。金属离子和其他添加物对酶活性的影响结果表明，K^+、Na^+ 和 Hg^+ 对重组酶 BGL0224 的催化活性基本没有影响，Ba^{2+} 和 Li^+ 对酶的催化活性略有促进作用，而其余的金属离子和其他添加物（EDTA、SDS、DTT、Triton-X100 和 Tween-80）对 BGL0224 的活性均有不同程度的抑制作用，这些差异性可能与重组酶氨基酸的糖基化、反应体系中重组酶的构象或氨基酸电离情况、重组酶活性位点和底物的结合等因素有关（Schlenzig et al. 2015；Osmani et al. 2010）。

通过对重组酶 BGL0224 进行紫外、荧光以及傅里叶红外光谱分析，我们对其结构有了初步的了解。作为一种分子光谱，紫外吸收光谱是由于价电子的跃迁而产生的，检测物质对紫外光和可见光的吸收所产生的紫外光谱，可以对物质的组成和结构进行初步的分析和推断。本研究中，重组酶 BGL0224 在 $260 \sim 280$ nm 处有 B 带强吸收，表明体系中可能有苯环存在，且苯环上存在共轭的生色基团如羧基等，也有可能含有两个双键的共轭体系，如共轭二烯或 α/β-不饱和酮等。蛋白质的荧光性质主要与它是否含有具有荧光性质的氨基酸残基有关，例如色氨酸（Trp）、酪氨酸（Tyr）和苯丙氨酸（Phe），重组酶 BGL0224 的序列分析表明 BGL0224 具有较强的荧光特性，因此，本章通过实验检测其荧光光谱，也为后续研究其和底物之间的猝灭机制奠定了基础。傅里叶红外光谱是一种振动光谱，普遍应用于研究核酸、蛋白质、碳水化合物等物质的化学组成与分子结构。结果显示 BGL0224 的傅里叶红外光谱中有四个明显的峰，说明该重组酶的化学结构中有四种化学键的运动比较强烈，其中又以氢键和 C=C 键的拉伸振动最为明显，说明这两种化学键是重组酶结构中最为活跃的化学键，而其他的两种振动（C—O 的拉伸振动和 COO^- 的变角振动）整体强度较弱。核磁共振图谱则更加细致地展现了重组酶 BGL0224 结构中碳原子和氢原子的种类以及它们有可能所处的环境，这对解析其化学结构帮助很大。当然，以上所有的方法只是对 BGL0224 的结构进行了初步表征，采用更加先进的技术手段去全面地解析重组酶的结构也是很有必要的。

本章还以 p-NPG 作为底物研究了重组酶 BGL0224 的酶促反应动力学常数，结果显示，BGL0224 的 V_{max} 值为（382.81 ± 7.76）$\mu mol/(L \cdot min \cdot mg)$，$K_m$ 值为（0.34 ± 0.04）mmol/L。V_{max} 代表的是酶促反应的最大反应速率，K_m 代表的是酶促反应达到最大反应速率一半时的底物浓度，因此 K_m 的值越小，表明进行酶促反应所需要的底物浓度越低，即酶与底物之间亲和力越大。通过将 BGL0224 催化底物 p-NPG 的 V_{max} 和 K_m 与其他微生物来源 β-葡萄糖苷酶的比较发现，BGL0224 与底物 p-NPG 有着较强的亲和力以及较快的催化速率。酶的催

化常数 K_{cat} 也是酶促反应动力学重要的参数之一，它代表的是在最优条件下酶催化生成底物的速率，也就是酶催化底物的能力；酶的催化常数 K_{cat} 和米氏常数 K_m 的比值 K_{cat}/K_m 被称为特异性常数。一般来说，当酶有多个可催化的底物时，其对不同底物的催化效率可能差别很大，而 K_{cat}/K_m 就可以用来确定酶的最适底物（Siadat et al. 2015；Kooy et al. 2014）。总体来看，BGL0224 对底物 p-NPG 有着较高的催化效率和亲和力，比其他来源的糖苷水解酶第一家族的 β-葡萄糖苷酶的表现更好，这对于进一步挖掘重组酶 BGL0224 的工业应用潜力具有重要意义。

4.4　本章小结

（1）生物信息学分析表明重组酶 BGL0224 的蛋白序列由 480 个氨基酸残基组成，属于糖苷水解酶第一家族（GH1），为细胞质内的亲水蛋白，且不含信号肽。

（2）基本理化性质测定结果表明，重组酶 BGL0224 的最适反应温度为 50℃，当温度在 30～60℃ 时，其热稳定性良好；最适反应 pH 为 5.0，在 pH 3.0～6.0 区间内稳定性良好；最适反应乙醇浓度为 12%，且 0～20% 的乙醇浓度对重组酶的酶活性有显著的促进作用；K^+、Na^+ 和 Hg^+ 对重组酶 BGL0224 的催化活性基本没有影响，Ba^{2+} 和 Li^+ 对酶的催化活性略有促进作用，其余的金属离子对酶的催化活性均有一定的抑制作用；其他添加剂如 EDTA、SDS 和 DTT 对酶活性的抑制作用较小，Triton-X100 和 Tween-80 对酶活性的抑制作用较强，超过了 80%。

（3）结构初步表征结果表明，重组酶 BGL0224 在 260～280 nm 处有标准紫外吸收峰；当激发波长为 339 nm 时，该酶在 440 nm 处有最大荧光发射波长；该酶的化学结构中四种化学键的运动强烈，分别是以 O—H 键和 N—H 键为代表的氢键的拉伸振动；C═C 键的拉伸振动和共轭效应的叠加；C—O 的拉伸振动以及 COO^- 的变角振动；该酶化学结构中碳原子信号的化学位移值在 30～160 ppm，分为饱和烷烃上的碳、不饱和烷烃尤其是炔烃上的碳，以及芳香碳三个类别；氢原子信号的化学位移值在 0.03～10.25 ppm，也分为三个类别，分别是烷氢、烯氢和炔氢的氨基酸残基有关的信号，醛基氢的氨基酸残基有关的信号以及芳香族氢的典型信号。

（4）酶促反应动力学参数测定结果表明，重组酶 BGL0224 催化标准底物 p-NPG 的最大反应速率 V_{max} 值为（382.81±7.76）μmol/（L·min·mg），米氏常数 K_m 值为（0.34±0.04）mmol/L，K_{cat} 值为 351.88 s^{-1}，特异性常数 K_{cat}/K_m 的值为 1034.94 L/（s·μmol）。相较于其他来源的糖苷水解酶第一家族的 β-葡萄糖苷酶，BGL0224 对底物 p-NPG 表现出更好的催化效率和亲和力。

第 5 章
重组 β-葡萄糖苷酶 BGL0224 的催化机理探究

作为一种纤维素酶，β-葡萄糖苷酶（EC3.2.1.21）在自然界中分布广泛，不同来源的 β-葡萄糖苷酶的酶学性质差异很大，其中微生物来源的 β-葡萄糖苷酶由于其具有制备规模大、价格低廉和环境友好等优点而吸引了更多的关注。有研究表明，β-葡萄糖苷酶对许多生物过程至关重要。例如，它可以促进生物质转化，有研究人员发现来源于真菌菌株 BCC2871 的一种耐热 β-葡萄糖苷酶具有将稻草秸秆水解为单糖的能力（Harnpicharnchai et al. 2008）；β-葡萄糖苷酶还参与各种功能性糖苷物质前体（例如萜烯醇、类黄酮和植物激素等）和潜在有害代谢物（例如糖基神经酰胺）的降解（Bhatia et al. 2002）；另外，β-葡萄糖苷酶被认为是一种工业生物催化剂，与其他工业催化剂相比，β-葡萄糖苷酶更加稳定，并且避免了酶亚基的解吸作用（Guadalupe et al. 2018）；对于食品工业来说，β-葡萄糖苷酶可通过水解多种糖苷（如异黄酮糖苷和吡喃醇糖苷）来提高食品的香气和品质。由此可见，β-葡萄糖苷酶在人们生产生活的各个方面都有重要作用。

尽管当下已经对许多来源的 β-葡萄糖苷酶进行了广泛的研究，但是对来自酒酒球菌 β-葡萄糖苷酶的研究很少，对其催化机理的研究更是鲜有报道。作为一株专利菌株，酒酒球菌 SD-2a 在改善葡萄酒品质方面发挥着重要作用，最重要的原因之一就是其具有很高的 β-葡萄糖苷酶活性。因此，对酒酒球菌 SD-2a 所产 β-葡萄糖苷酶的催化机理进行深入研究十分必要且具有重要意义。

在前面几章的研究中，我们通过异源表达的方法分离纯化得到了一种来自于酒酒球菌 SD-2a 的重组 β-葡萄糖苷酶 BGL0224，并对其酶学性质进行了表征。在这一章中，我们通过结合酶促反应动力学、荧光光谱和分子模拟的方法来进一步了解其结构和功能之间的关系，并阐释其催化机理，为发掘其作为商业酶的潜力奠定理论基础。

5.1 重组酶 BGL0224 的催化机理研究

5.1.1 试验材料与试剂

第 3 章中分离纯化得到的重组酶 BGL0224 的冻干粉末。

重组酶 BGL0224 的氨基酸测序序列（Genbank 登录号：MT330371）：

MNKLFLPKNFLWGGAVAANQLEGGWDQDNKGLSVADIMTAGANGKARE
ITDGIVKGKYYPNHEAIDFYHRYKEDIKLFAEMGFKCFRTSIAWTRIFPNG
DEEQPNEAGLKFYDQLFDECHKYGIEPVITLSHFEMPYHLVKVYGGWRN
RKLIDFFVHFAKTVFKRYKDKVSYWMTFNEIDNQTDYTNRFLMATNSGLI
LKNDQSDAESLMYQAAHYELVASALAVKLGHSINPDFQIGCMINMTPVYP
ASSKPADIFQAEKAMQRRYWFSDIHALGKYPENMEVFLKQNNFRPDITSE
DRIVLKEGTVDYIGLSYYNSMTVQSKESNPGFHFIGPELTVDNPNVEKSDW
GWPIDPLGLRYSLNWLADHYHKPLFIVENGLGAYDKVENNQQIHDPYRIAY
LKAHIQAMIDAVQEDGVKVIGYTPWGCIDLVSAGTGQMSKRYGFIYVDKD
DQGKGSLKRLKKDSFFWYQQVIKSNGSQLD

同源模建所用的模板蛋白为大肠杆菌（*Escherichia. coli* K-12）β-葡萄糖苷酶 BglA，该酶的三维晶体结构由 PDB 蛋白质数据库（RCSB-PDB，ID：2XHY）获得，其氨基酸序列如下：

MIVKKLTLPKDFLWGGAVAAHQVEGGWNKGGKGPSICDVLTGGAHGVPR
EITKEVLPGKYYPNHEAVDFYGHYKEDIKLFAEMGFKCFRTSIAWTRIFPKG
DEAQPNEEGLKFYDDMFDELLKYNIEPVITLSHFEMPLHLVQQYGSWTNRK
VVDFFVRFAEVVFERYKHKVKYWMTFNEINNQRNWRAPLFGYCCSGVV
YTEHENPEETMYQVLHHQFVASALAVKAARRINPEMKVGCMLAMVPLYP
YSCNPDDVMFAQESMRERYVFTDVQLRGYYPSYVLNEWERRGFNIKMED
GDLDVLREGTCDYLGFSYYMTNAVKAEGGTGDAISGFEGSVPNPYVKASD
WGWQIDPVGLRYALCELYERYQRPLFIVENGFGAYDKVEEDGSINDDYRIDY
LRAHIEEMKKAVTYDGVDLMGYTPWGCIDCVSFTTGQYSKRYGFIYVNKH
DDGTGDMSRSRKKSFNWYKEVIASNGEKL

对硝基苯基 β-D-吡喃葡萄糖苷、对硝基苯基 β-D-吡喃半乳糖苷、对硝基苯基 β-D-吡喃木糖苷、对硝基苯基 β-D-纤维二糖苷、对硝基苯基 β-D-吡喃葡糖醛酸苷、对硝基苯基 α-D-吡喃葡萄糖苷和对硝基苯基 α-D-吡喃半乳糖苷等七种底物和对硝基苯酚（p-NP）购自上海源叶生物科技有限公司，七种底物的化学结构如图 5-1 所示。葡萄糖、酵母浸粉、蛋白胨、七水合硫酸镁、四水合硫酸锰、盐酸半胱氨酸、磷酸二氢钠、磷酸二氢钠、十二水合磷酸氢二钠、磷酸二氢钾、碳酸钠、氯化钾、氯化钠等无机盐和其他分析纯试剂均购自北京索莱宝科技有限公司。

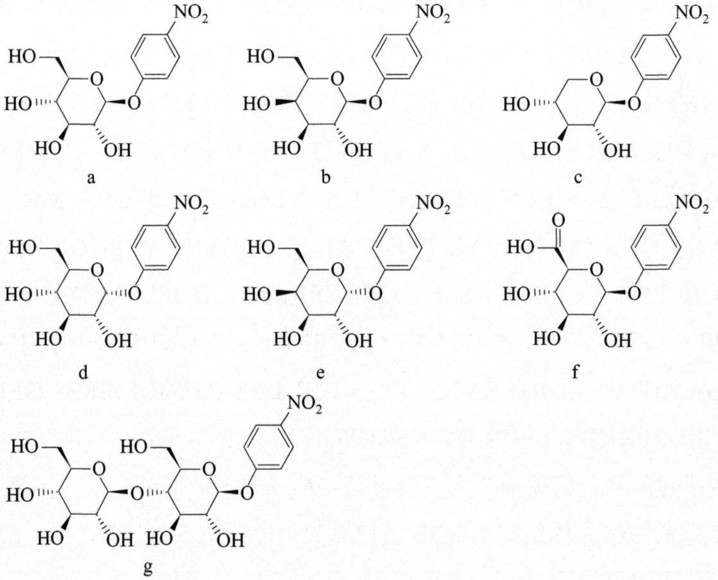

图 5-1　七种底物的化学结构式

a—对硝基苯基 β-D-吡喃葡萄糖苷；b—对硝基苯基 β-D-吡喃半乳糖苷；
c—对硝基苯基 β-D-吡喃木糖苷；d—对硝基苯基 α-D-吡喃葡萄糖苷；
e—对硝基苯基 α-D-吡喃半乳糖苷；f—对硝基苯基 β-D-吡喃糖醛酸苷；
g—对硝基苯基 β-D-纤维二糖苷

5.1.2　主要仪器

真空冷冻干燥机 FD5-3	金西盟（北京）仪器有限公司
台式高速冷冻离心机 HC-3018R	安徽中科中佳科学仪器有限公司
DKS-26 型电热恒温水浴锅	上海森信实验仪器有限公司
PHS-3C 型 pH 计	上海雷磁仪器厂
紫外可见分光光度计 UV2550	日本岛津公司
荧光分光光度计 LS55	美国 PERKINELMER 公司
多功能酶标仪 victorX3	美国 PERKINELMER 公司

5.1.3 最适温度、最适 pH 测定

（1）BGL0224 催化不同底物的最适温度测定。具体参考 4.1.4 小节中的方法。

（2）BGL0224 催化不同底物的最适 pH 测定。具体参考 4.1.5 小节中的方法。

5.1.4 酶促反应动力学参数及活化能 E_a 测定

（1）BGL0224 催化不同底物的酶促反应动力学参数测定。具体参考 4.1.9 小节中的方法。

（2）重组酶 BGL0224 催化不同底物反应的活化能 E_a，可通过阿伦尼乌斯定积分方程得到（Davidson et al. 2012）。

5.1.5 底物对重组酶的猝灭机制和结合能力检测

利用荧光猝灭光谱法测定七种糖苷类底物配体对重组酶 BGL0224 的猝灭常数 K_q 和结合常数 K_b，然后判定七种底物对重组酶 BGL0224 的猝灭机制和结合能力，荧光光谱测定试验均在 LS55 型荧光分光光度计上进行，具体步骤如下：

① 将重组酶 BGL0224 冻干粉末溶于磷酸钠缓冲液中至终浓度为 1.0 mg/mL，根据不同底物的最适反应 pH 调整缓冲液的 pH，然后取酶溶液 3 mL 加入到 1 cm 四面透光的石英比色皿中。

② 设置仪器激发光和发射光的狭缝宽度分别为 2.5 nm 和 9 nm，激发波长为 339 nm，扫描发射波长范围为 390 ～ 520 nm，试验在室温下进行。

③ 向重组酶溶液中按浓度梯度依次加入七种底物的储存液，使底物的终浓度依次达到 2 μmol/L、4 μmol/L、6 μmol/L、8 μmol/L、10 μmol/L、12 μmol/L、14 μmol/L、16 μmol/L、18 μmol/L 和 20 μmol/L，每加一次底物，将样品混匀静置 1 min 后，记录其在上述测试条件下的最大荧光强度值，直到 BGL0224 与底物的结合达到饱和状态。

④ 采用荧光猝灭理论公式拟合计算重组酶 BGL0224 与七种糖苷类底物配体的猝灭常数 K_q 和结合常数 K_b（Dan et al. 2019）。

5.1.6 构建 BGL0224 的三维结构模型

以重组酶 BGL0224 的氨基酸序列为基础序列，通过 NCBI 中的 Protein BLAST 检索工具检索 PDB 蛋白质数据库中的晶体结构，在检索结果中，来自大

肠杆菌 K-12 的 β-葡萄糖苷酶 BglA 的三维晶体结构（2XHY）与重组酶 BGL0224 的序列一致性较高，达到了 57%，因此可以使用 β-葡萄糖苷酶 BglA 的晶体结构作为模板，构建 BGL0224 的三维结构模型。

基于模板蛋白的 3D 结构文件以及序列比对文件，由序列的相似性推测结构的相似性，采用 Modeller v9.19 程序对重组酶 BGL0224 进行同源模建，以获取合理的 BGL0224 三维结构模型，然后对得到的蛋白模型进行分子力学优化，最后采用 PROCHECK 程序对优化后的三维结构模型进行评价（Webb et al. 2014；Laskowski et al. 2012）。

5.1.7 BGL0224 与底物的分子对接

基于 5.1.6 小节中同源模建得到的 BGL0224 的三维结构，对结构进行能量最小化处理，作为分子对接的受体结构。首先，构建底物的结构，加氢，并采用 MOPAC 程序优化结构，计算 PM3 原子电荷（Stewart 2010；Stewart 1990）。然后，采用软件 Autodock Tools 1.5.6 分别处理配体（对硝基苯基 β-D-吡喃葡萄糖苷）和受体的结构，将对接的盒子包裹活性位点，X、Y、Z 三个方向的格点数分别设为 60×60×60，格点间距为 0.375 Å，对接次数设为 100，其余参数采用默认值（Sanner 1999）。

5.1.8 BGL0224 与底物的分子动力学模拟

为了验证底物与重组酶 BGL0224 结合的稳定性，本章对分子对接得到的复合物的结构进行了 50 ns 的分子动力学模拟。分子动力学模拟采用 Gromacs 2018.4 程序，在恒温恒压以及周期性边界条件下进行（Spoel et al. 2005）。模拟温度采用 V-rescale 温度耦合方法控制为 300 K，模拟压力采用 Parrinello-Rahman 方法控制为 1 bar（0.1 MPa），应用 Amber99SB 全原子力场，TIP3P 水模型。在分子动力学模拟的过程中，所有涉及的氢键采用 LINCS 算法进行约束，积分步长为 2 fs；静电相互作用采用 PME（particle-mesh Ewald）方法进行计算，非键相互作用截断值设为 10 Å，每 10 步更新一次（Hess et al. 2015；Martonak et al. 2003）。

首先，采用最陡下降法对体系进行能量最小化处理，以消除原子间过近的接触；然后，在 300 K 进行 100 ps 的 NVT 平衡模拟；最后，对复合物体系进行 50

ns 的分子动力学模拟，每 10 ps 保存一次构象，模拟结果的可视化采用 Gromacs 内嵌程序和 VMD（visual molecular dynamics）完成。

5.2　催化机理研究的结果与分析

5.2.1　温度和 pH 对 BGL0224 催化底物的影响

不同温度对 BGL0224 催化七种类型底物的影响如图 5-2 所示。由图 5-2 可知，对于对硝基苯基 β-D-吡喃葡萄糖苷、对硝基苯基 β-D-纤维二糖苷、对硝基苯基 β-D-吡喃半乳糖苷、对硝基苯基 α-D-吡喃葡萄糖苷和对硝基苯基 α-D-吡喃半乳糖苷这五种底物，当温度为 50℃ 时催化反应生成产物 p-NP 的量最多，说明 BGL0224 催化这五种底物时反应的最适反应温度为 50 ℃；而当底物为对硝基苯基 β-D-吡喃葡糖醛酸苷时，催化反应的最适温度为 45 ℃；当底物为对硝基苯基 β-D-吡喃木糖苷时，催化反应的最适温度最低，为 40 ℃。

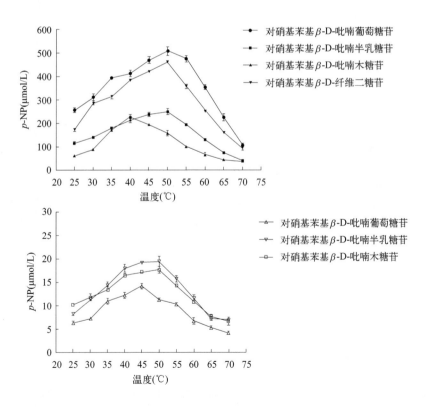

图 5-2　温度对重组酶 BGL0224 催化七种类型底物的影响

另一方面，从图 5-2 中还可以看出，在七种类型的底物中，单位时间内重组酶 BGL0224 催化对硝基苯基 β-D-吡喃葡萄糖苷和对硝基苯基 β-D-纤维二糖苷时生成产物 p-NP 的量较多，其次是对硝基苯基 β-D-吡喃半乳糖苷和对硝基苯基 β-D-吡喃木糖苷，而催化对硝基苯基 β-D-吡喃葡糖醛酸苷、对硝基苯基 α-D-吡喃葡萄糖苷和对硝基苯基 α-D-吡喃半乳糖苷这三种底物生成产物的量较少，这也间接反映了 BGL0224 对七种底物的催化效率。

不同 pH 对 BGL0224 催化七种类型底物的影响如图 5-3 所示。与前面温度的影响结果有所不同，当 pH 为 5.0 时，BGL0224 催化七种类型的底物生成产物的量均最多，说明 BGL0224 催化七种底物的最适反应 pH 均为 5.0，也说明了 pH 对不同催化反应的影响差异不大。

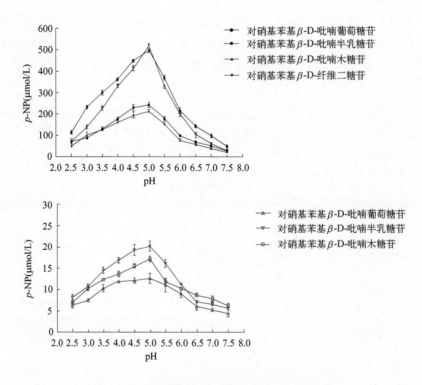

图 5-3　pH 对重组酶 BGL0224 催化七种类型底物的影响

5.2.2　BGL0224 催化底物的动力学参数和活化能

重组酶 BGL0224 催化七种底物的酶促反应动力学参数如表 5-1 所示。重组酶 BGL0224 对七种底物均有一定的催化作用，其中，BGL0224 催化对硝基苯基 β-D-吡喃葡萄糖苷的 K_m 值最小，为（0.34±0.04）mmol/L，说明 BGL0224 和底物对硝基苯基 β-D-吡喃葡萄糖苷之间的亲和力最大，其次是对硝基苯基 β-D-纤维二糖苷，K_m 值为（0.43±0.04）mmol/L，K_m 值最大的是对硝基苯基 β-D-吡喃葡糖醛酸苷，为（1.87±0.58）mmol/L，说明 BGL0224 和底物对硝基苯基 β-D-吡喃葡糖醛酸苷之间的亲和力最小。V_{max} 反映的是酶催化底物时的最大反应速率，七种底物中，BGL0224 催化对硝基苯基 β-D-吡喃葡萄糖苷的 V_{max} 值最大，为（382.81±7.76）μmol/（L·min·mg），催化对硝基苯基 α-D-吡喃葡萄糖苷的 V_{max} 值最小，为（39.27±1.51）μmol/（L·min·mg）。K_{cat} 代表的是酶对底物的催化效率，由表 5-1 中的结果可知，BGL0224 催化对硝基苯基 β-D-吡喃葡萄糖苷的效率最高，而催化对硝基苯基 α-D-吡喃葡萄糖苷的效率最低。在第 4 章中我们提到，K_{cat}/K_m 被称为特异性常数，当酶有多个可催化的底物时，K_{cat}/K_m 可以用来确定酶的最适底物，显然，由表 5-1 中的结果，七种底物中重组酶 BGL0224 的最适底物为对硝基苯基 β-D-吡喃葡萄糖苷，而最不适合的底物为对硝基苯基 β-D-吡喃葡糖醛酸苷。

表 5-1 重组酶 BGL0224 催化七种底物的动力学参数

底物	K_m（mmol/L）	V_{max} [μmol/（L·min·mg）]	K_{cat}（s^{-1}）	K_{cat}/K_m [L/（s·μmol）]
对硝基苯基 β-D-吡喃葡萄糖苷	0.34±0.04	382.81±7.76	351.88±7.13	1034.94
对硝基苯基 β-D-吡喃半乳糖苷	0.95±0.13	270.88±6.86	248.99±6.30	262.09
对硝基苯基 β-D-吡喃木糖苷	1.10±0.14	256.43±6.13	235.71±5.63	214.28
对硝基苯基 β-D-纤维二糖苷	0.43±0.04	359.54±5.55	330.49±5.10	768.58
对硝基苯基 β-D-吡喃葡糖醛酸苷	1.87±0.58	24.17±1.63	22.21±1.50	11.88
对硝基苯基 α-D-吡喃葡萄糖苷	1.42±0.26	39.27±1.51	36.10±1.39	25.42
对硝基苯基 α-D-吡喃半乳糖苷	1.70±0.20	39.64±1.02	36.43±0.94	21.43

活化能 E_a，又称为阈能，由化学家阿伦尼乌斯提出，是指分子由稳定状态转变为容易发生化学反应的活跃状态所需要的能量，一般用它来定义一个化学反应的发生所需要克服的能量障碍，其数值大小可反映化学反应发生的难易程度（Rodriguez-Diaz et al. 2009）。用 5.1.3 小节中测定的 BGL0224 催化七种

底物的最适温度的数据对阿伦尼斯方程进行回归拟合，结果如图 5-4 和表 5-2 所示。

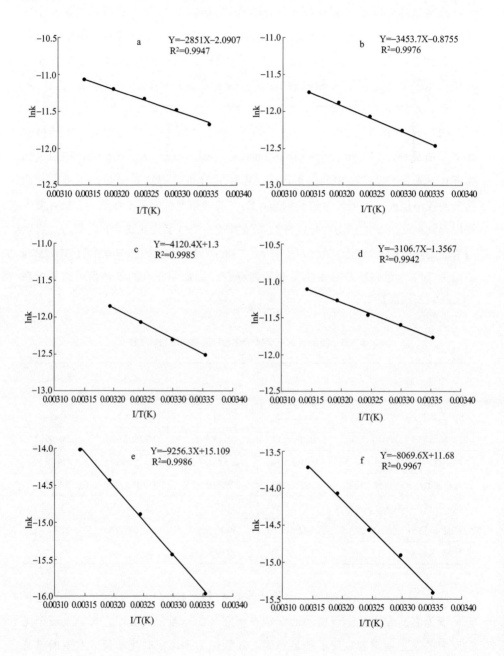

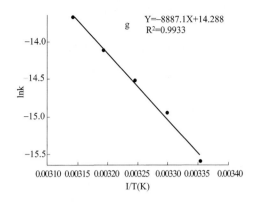

图 5-4　重组酶 BGL0224 催化七种底物的阿伦尼乌斯方程拟合曲线

a—对硝基苯基 β-D-吡喃葡萄糖苷；b—对硝基苯基 β-D-吡喃半乳糖苷；
c—对硝基苯基 β-D-吡喃木糖苷；d—对硝基苯基 β-D-纤维二糖苷；
e—对硝基苯基 β-D-吡喃葡糖醛酸苷；f—对硝基苯基 α-D-吡喃葡萄糖苷；
g—对硝基苯基 α-D-吡喃半乳糖苷

表 5-2　重组酶 BGL0224 催化七种底物反应的活化能 E_a

底物	回归方程 （$\ln k=-E_a/RT+\ln A$）	R^2	E_a （kJ/mol）
对硝基苯基 β-D-吡喃葡萄糖苷	$Y=-2851X+2.0907$	0.9947	23.70
对硝基苯基 β-D-吡喃半乳糖苷	$Y=-3453.7X+0.8755$	0.9976	28.72
对硝基苯基 β-D-吡喃木糖苷	$Y=-4120.4X+1.3$	0.9985	34.26
对硝基苯基 β-D-纤维二糖苷	$Y=-3106.7X+1.3567$	0.9942	25.83
对硝基苯基 β-D-吡喃葡糖醛酸苷	$Y=-9256.3X+15.109$	0.9986	76.96
对硝基苯基 α-D-吡喃葡萄糖苷	$Y=-8069.6X+11.68$	0.9967	67.09
对硝基苯基 α-D-吡喃半乳糖苷	$Y=-8887.1X+14.288$	0.9933	73.89

各回归方程的决定系数 R^2 均大于 0.99，表明回归方程的拟合程度良好，可以用来计算 BGL0224 催化七种底物的活化能 E_a。由阿伦尼乌斯曲线回归方程的斜率计算得到 BGL0224 催化对硝基苯基 β-D-吡喃葡萄糖苷、对硝基苯基 β-D-吡喃半乳糖苷、对硝基苯基 β-D-吡喃木糖苷、对硝基苯基 β-D-纤维二糖苷、对硝基苯基 β-D-吡喃葡糖醛酸苷、对硝基苯基 α-D-吡喃葡萄糖苷和对硝基苯基 α-D-吡喃半乳糖苷七种底物的活化能 E_a 分别为 23.70 kJ/mol、28.72 kJ/mol、34.26 kJ/mol、25.83 kJ/mol、76.96 kJ/mol、67.09 kJ/mol 和 73.89 kJ/mol，表明在重组酶 BGL0224 的作用下，底物对硝基苯基 β-D-吡喃葡萄糖苷最容易被酶解生成产物 p-NP，其次是对硝基苯基 β-D-纤维二糖苷和对硝基苯基 β-D-吡喃半乳糖苷，而

最难被酶解的是对硝基苯基 β-D-吡喃葡糖醛酸苷。

5.2.3 不同底物对 BGL0224 的猝灭机制和结合能力

蛋白质的荧光特性取决于其是否包含具有内源性荧光特性的氨基酸残基，具有内源性荧光特性的氨基酸残基主要有色氨酸（Trp）、苯丙氨酸（Phe）和酪氨酸（Tyr）。重组酶 BGL0224 的序列分析结果显示，其氨基酸序列中共有 28 个 Tyr 残基，27 个 Phe 残基和 11 个 Trp 残基，分别占到氨基酸残基总数的 5.83%、5.63% 和 2.29%，因此，重组酶 BGL0224 自身存在较强的荧光发射光谱，具有明显的荧光现象，可以通过测定 BGL0224 在不同浓度底物存在的情况下的荧光光谱来探究其与底物之间的猝灭机制和结合能力。

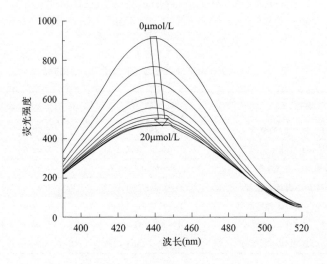

图 5-5　重组酶 BGL0224 与底物之间的荧光猝灭图谱

（以对硝基苯基 β-D-吡喃葡萄糖苷为例；重组酶 BGL0224 的浓度为 1 mg/mL；底物的浓度依次为 2 μmol/L、4 μmol/L、6 μmol/L、8 μmol/L、10 μmol/L、12 μmol/L、14 μmol/L、16 μmol/L、18 μmol/L 和 20 μmol/L；T=300 K；pH=5.0）

当激发波长为 339 nm 时，重组酶 BGL0224 在不同浓度对硝基苯基 β-D-吡喃葡萄糖苷存在下的荧光发射光谱如图 5-5 所示。从图 5-5 中可以看到，一方面，当底物浓度为 0 μmol/L 时，BGL0224 蛋白基团在发射波长 440 nm 处有最大荧光强度，而随着底物浓度的逐渐增加，BGL0224 蛋白基团的最大荧光强度逐渐降低，说明对硝基苯基 β-D-吡喃葡萄糖苷对 BGL0224 蛋白基团的荧光具有猝灭作用，即二者之间发生了相互作用；另一方面，在荧光强度猝灭的过程中，其最大荧光强度对应的发射波长也发生了变化，由 440 nm 逐渐变为 450 nm，这种现象称作峰的"红移"，表明 BGL0224 和底物的结合过程中伴随有能量损失。

前面的结果表明，底物对 BGL0224 蛋白基团的荧光具有猝灭作用。荧光猝灭包括动态猝灭和静态猝灭，动态猝灭是指荧光体分子与猝灭剂分子间因彼此扩散和碰撞等物理作用而导致的荧光体荧光强度减弱；静态猝灭是指荧光体分子与猝灭剂分子间发生了相互作用进而形成一定构型的化合物导致的荧光体荧光强度减弱。

动态猝灭遵循 Stern-Volmer 方程：$F_0/F=1+K_{sv}[Q]=1+K_q\tau_0[Q]$（公式 1），其中，$F_0$ 和 F 分别代表不存在猝灭剂和存在猝灭剂时荧光体的荧光强度，$[Q]$ 代表猝灭剂的浓度，τ_0 代表在没有猝灭剂的情况下荧光基团的平均寿命，K_{sv} 和 K_q 分别为 Stern-Volmer 常数和猝灭速率常数，其中 $K_q=K_{sv}\times10^8$。当荧光体与猝灭剂之间形成了不发荧光的复合物，则产生了静态猝灭，静态猝灭遵循 Lineweaver-Burk 双倒数函数关系式，即将公式 1 变形可得：$\ln(F_0-F)/F=\ln K_b+n\ln[Q]$（公式 2），其中，$F_0$ 和 F 分别代表不存在猝灭剂和存在猝灭剂时荧光体的荧光强度，$[Q]$ 代表猝灭剂的浓度，K_b 为结合常数，n 为结合位点的数目（Dan et al. 2019）。

本章中，我们探究了七种底物对重组酶 BGL0224 的猝灭机制，结果表明，当波长为 339 nm 的激发光透过 BGL0224 和不同浓度底物的混合溶液时，在扫描荧光光谱波长 440 nm 处产生最大的激发荧光，我们将未添加底物时 BGL0224 的荧光强度值与添加不同浓度底物时的荧光强度值相比，得到 F_0/F 的值，然后再根据动态猝灭理论的 Stern-Volmer 方程，将 F_0/F 与底物浓度 $[Q]$ 之间进行线性拟合，得到图 5-6 中的结果。

由图 5-6 可知，实验所测得的数据与 Stern-Volmer 方程的线性拟合度很高，而且所有曲线在 Y 轴上截距接近于 1，说明与动态猝灭方程的理论吻合度较高，实验结果可靠性良好。根据动态猝灭方程，由图中各拟合曲线的斜率可以得出七种类型底物对硝基苯基 β-D-吡喃葡萄糖苷、对硝基苯基 β-D-吡喃半乳糖苷、对硝基苯基 β-D-喃木糖苷、对硝基苯基 β-D-纤维二糖苷、对硝基苯基 β-D-吡喃葡糖醛酸苷、对硝基苯基 α-D-吡喃葡萄糖苷和对硝基苯基 α-D-吡喃半乳糖苷对重组酶 BGL0224 猝灭过程的 Stern-Volmer 常数 K_{sv} 分别为 8.07×10^4 L/mol、5.25×10^4 L/mol、4.93×10^4 L/mol、7.51×10^4 L/mol、0.93×10^4 L/mol、1.10×10^4 L/mol 和 0.78×10^4 L/mol，进一步，根据 Stern-Volmer 常数 K_{sv} 和猝灭常数 K_q 之间的关系，$K_q=K_{sv}\times10^8$，进一步可以计算出猝灭常数 K_q 的值，结果如表 5-3 所示。一般而言，各种猝灭剂对荧光体的最大扩散碰撞猝灭常数约为 2.0×10^{10} L/mol（Shahabadi et al. 2011），很显然，在本研究中，七种类型的底物对重组酶 BGL0224 的表观猝灭常数量级达到了 10^{12}，均远大于 2.0×10^{10}，因此，判断七种类型的底物对重组酶 BGL0224 的猝灭机制并不是分子扩散和碰撞所引起的动态猝灭，而是底物与 BGL0224 之间发生了相互作用形成复合物而引起的静态猝灭。

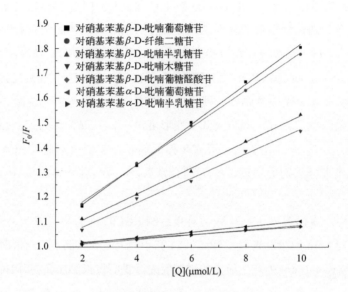

图 5-6 七种类型底物对重组酶 BGL0224 的 Stern-Volmer 猝灭点图

表 5-3 BGL0224-底物复合物体系的猝灭常数 K_q 和结合常数 K_b

底物	K_{sv}（L/mol）$\times10^4$	K_q[L/（mol·s）]$\times10^{12}$	K_b（L/mol）$\times10^4$	n
对硝基苯基 β-D-吡喃葡萄糖苷	8.07	8.07	8.09	0.99
对硝基苯基 β-D-吡喃半乳糖苷	5.25	5.25	4.53	0.98
对硝基苯基 β-D-吡喃木糖苷	4.93	4.93	3.94	0.95
对硝基苯基 β-D-纤维二糖苷	7.51	7.51	7.62	0.96
对硝基苯基 β-D-吡喃葡糖醛酸苷	0.93	0.93	0.73	0.86
对硝基苯基 α-D-吡喃葡萄糖苷	1.10	1.10	0.83	0.88
对硝基苯基 α-D-吡喃半乳糖苷	0.78	0.78	0.73	0.86

根据静态猝灭理论的 Lineweaver-Burk 双倒数函数关系公式 2，把（$F_0{-}F$）/ F 的值与底物浓度［Q］的值分别取对数后进行线性拟合，得到七种类型底物对重组酶 BGL0224 的 Lineweaver-Burk 猝灭点图，结果如图 5-7 所示。根据公式 2，由图 5-7 中拟合曲线的斜率和截距可计算得七种类型底物对硝基苯基 β-D-吡喃葡萄糖苷、对硝基苯基 β-D-吡喃半乳糖苷、对硝基苯基 β-D-吡喃木糖苷、对硝基苯基 β-D-纤维二糖苷、对硝基苯基 β-D-吡喃葡糖醛酸苷、对硝基苯基 α-D-吡喃葡萄糖苷和对硝基苯基 α-D-吡喃半乳糖苷对重组酶 BGL0224 的结合常数 K_b 的值分别为 8.09×10^4 L/mol、4.53×10^4 L/mol、3.94×10^4 L/mol、7.62×10^4 L/mol、0.73×10^4 L/mol、0.83×10^4 L/mol 和 0.73×10^4 L/mol，结合位点数分别为 0.99、0.98、0.95、0.96、0.86、0.88 和 0.86，均约等于 1。综上所述，对硝基苯基 β-D-吡喃葡萄糖苷与重组酶 BGL0224 的结合能力最强，且七种类型的底物与重组酶 BGL0224 均只有一个结合位点。

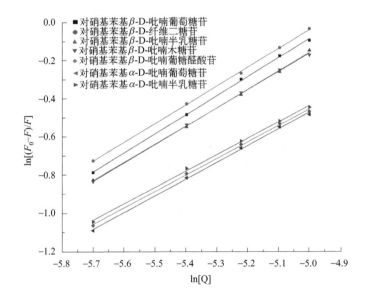

图 5-7　七种类型底物对重组酶 BGL0224 的 Lineweaver-Burk 猝灭点图

5.2.4　BGL0224 催化底物 p-NPG 的分子模拟

5.2.4.1　同源模建与模型评估

通过搜索 PDB 蛋白质数据库发现，来自大肠杆菌的 β-葡萄糖苷酶 BglA 的晶体结构（ID：2XHY）与重组酶 BGL0224 具有高度的序列一致性，序列比对结果如图 5-8 所示。通常，当晶体结构与目标蛋白之间的序列一致性超过 30% 时，已知的晶体结构便可用作模板来构建目标蛋白的三维结构模型。在本研究中，两个蛋白序列的一致性达到了 57%，远大于 30%，因此，2XHY 的晶体结构是用于构建重组酶 BGL0224 三维结构模型的良好模板。

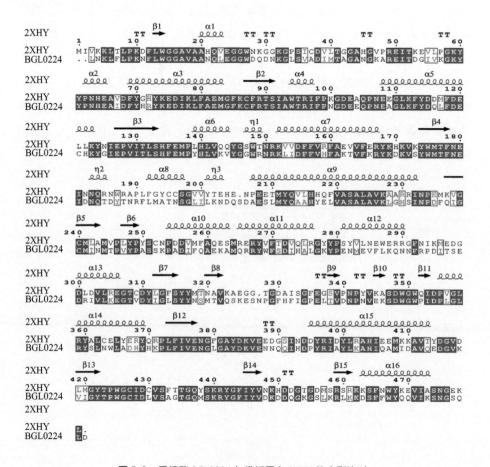

图 5-8　重组酶 BGL0224 与模板蛋白 2XHY 的序列比对

同源模建和模型的合理性评估结果分别如图 5-9 和图 5-10 所示。由图 5-9 可知，重组酶 BGL0224 与模板蛋白 2XHY 三维结构的空间构象十分相似，然后采用 Procheck 程序对重组酶 BGL0224 三维结构模型的合理性进行评估，结果以"拉氏图"（Ramachandran plot）的形式展示，"拉氏图"可以直观地反映出蛋白质主链中氨基酸残基的二面角（ϕ，ψ），从而在理论上对蛋白质氨基酸残基构象的合理性作出判断。在"拉氏图"中，横轴（ϕ）表示肽链中一个肽单位的α碳原子与右边羧基碳原子形成的 C—C 键的旋转角度ϕ，纵轴（ψ）表示α碳原子与左边氮原子形成的 C—N 键的旋转角度ψ。从理论上来讲，C—C 键与 C—N 键都是可以自由转动的，但是由于肽键的转动也会影响其他原子的转动，因此就需要综合考虑蛋白质各个基团在空间上的相互作用力产生的影响，"拉氏图"也相应地显示了三维结构模型构象上的允许区域和不允许区域。如图 5-10（a）所示，"拉氏图"中的红色区域、黄色区域和绿色区域属于立体化学的允许区域，表示它们在空间构象上是可以稳定存在的，空白区域则是立体化学中的不允许区域，从空间构象上来讲不能够稳定存在。结果显示，位于立体化学允许区域内的氨基酸残基达到 99.80%，表明在重组酶 BGL0224 的三维结构中，99.80% 的氨基酸残基的空间构象在合理范围内，符合立体化学的能量规律，说明该模型合理性和可靠性很高。

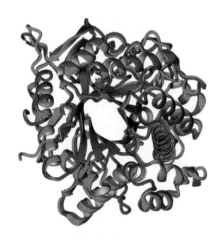

图 5-9 重组酶 BGL0224 与模板蛋白 2XHY 的三维结构比对
（绿色部分为 2XHY 的三维结构，红色部分为模建的重组酶 BGL0224 的三维结构）

BGL0224 的三维结构模型与其自身氨基酸序列之间的兼容性通过 Verify 3D 程序评估。如图 5-10（b）所示，95.99% 的氨基酸残基的得分在 0.2 以上，符合评估程序的要求。均方根涨落（root mean square fluctuation，RMSF）分析可以表明蛋白质结构中氨基酸的柔性大小，柔性越大的氨基酸 RMSF 值越大。图 5-10（c）给出了重组酶 BGL0224 三维结构模型中各残基 C_α 的 RMSF 分布，从图中可以看出，BGL0224 三维结构模型中大多数氨基酸残基的 RMSF 值均低于 0.2，说明其整体氨基酸柔性较小，结构比较稳定。综合以上分析结果，以 2XHY 晶体结构为模板构建的重组酶 BGL0224 的三维结构模型可靠性高，稳定性好，可以用于后续的分子对接和动力学模拟过程。

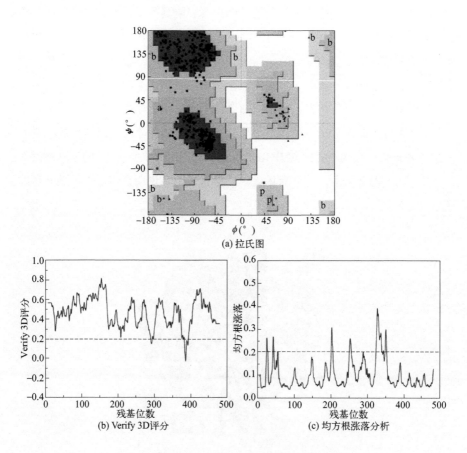

(a) 拉氏图

(b) Verify 3D 评分

(c) 均方根涨落分析

图 5-10　重组酶 BGL0224 三维结构模型的质量评估

5.2.4.2　BGL0224 与底物的分子对接与分子动力学模拟

荧光光谱的实验结果表明，七种底物中，对硝基苯基 β-D-吡喃葡萄糖苷（p-NPG）与重组酶 BGL0224 的结合能力最强，因此，本研究以对硝基苯基 β-D-吡喃葡萄糖苷作为配体，以前面构建的 BGL0224 的三维结构模型作为受体，进行半柔性分子对接，对接结果的宏观图如图 5-11 所示。对接结果显示，对硝基苯基 β-D-吡喃葡萄糖苷镶嵌在重组酶 BGL0224 的唯一活性腔内，这也与前面荧光光谱测定得到的底物与重组酶 BGL0224 只有一个结合位点的结果相吻合。

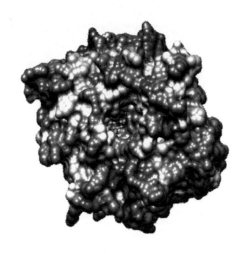

图 5-11　重组酶 BGL0224 与底物 p-NPG 的分子对接

　　前面我们获得了酶-底物的复合物体系"BGL0224-pNPG"，可以通过分析"BGL0224-pNPG"在动力学模拟过程中的收敛参数来了解复合物体系的稳定性，收敛参数主要包括均方根偏差（root mean square deviation，RMSD）和回转半径（radius of gyration，Rg）（Gokara et al. 2014）。RMSD 表示某一时刻构象与目标构象之间所有原子偏差的总和，这是衡量体系是否稳定的重要依据。图 5-12（a）展示了复合物体系"BGL0224-pNPG"主链原子的 RMSD 在 50 ns 的动力学模拟过程中的变化情况，从图中可以看出，复合物体系"BGL0224-pNPG"在 40 ns 后基本达到稳定状态，稳定后体系的 RMSD 值为（0.223±0.016）nm。Rg 可用于描述复合物体系的变化，Rg 的变化越大，意味着体系的扩展性越大。如图 5-12（b）所示，在模拟过程中，由于复合物体系的溶剂化作用，体系的 Rg 值逐渐增加，直到稳定在 40 ns，稳定体系的 Rg 值为（2.204±0.006）nm。在动力学模拟过程中，还分别计算了重组酶 BGL0224 内部的氢键数变化以及 BGL0224 与底物 p-NPG 之间的氢键数变化，结果分别如图 5-12（c）和（d）所示。从这两个图可以看出，在模拟过程中，重组酶 BGL0224 内部的氢键数没有明显变化，基本稳定在 360 个左右，而 BGL0224 和 p-NPG 之间的氢键数在 40 ns 之前波动较大，在 40 ns 之后趋于稳定，大约为 4 个。复合物体系"BGL0224-pNPG"的结合能的变化如图 5-12（e）所示。结果表明，复合物体系的结合能主要由库仑作用力和 LJ 势能构成，两种能量对结合能的贡献基本相同。复合物体系的结合能在前 40 ns 波动较大，在 40 ns 后逐渐稳定，其值为（-202.00±20.72）kJ/mol。综上所述，在动力学模拟过程中，复合物体系"BGL0224-*p*NPG"在 40 ns 后趋于稳定。

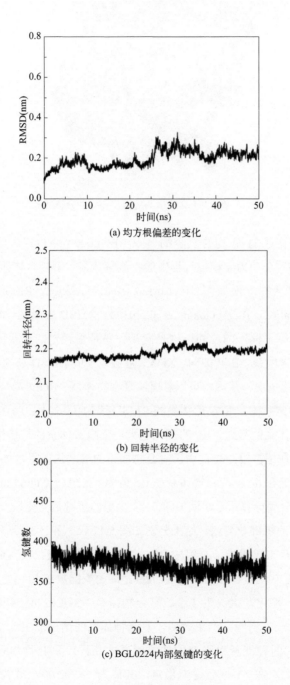

(a) 均方根偏差的变化

(b) 回转半径的变化

(c) BGL0224内部氢键的变化

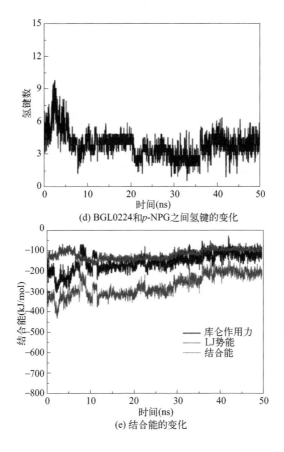

(d) BGL0224和p-NPG之间氢键的变化

(e) 结合能的变化

图 5-12 复合物体系 "BGL0224-pNPG" 的分子动力学模拟

5.2.4.3 BGL0224 与底物的结合模式与催化机理

为了进一步分析重组酶 BGL0224 与底物 p-NPG 之间的相互作用，提取了分子动力学模拟之后的复合物体系进行了结合模式分析，结果如图 5-13 所示。重组酶 BGL0224 结构中由亲水氨基酸组成的活性口袋是结合过程的主要部位，这些亲水性氨基酸主要包括 Gln20、His132、Glu178 和 Glu377。底物 p-NPG 的糖基部分与 BGL0224 的亲水性氨基酸结合并与这些氨基酸残基形成氢键，以稳定底物的糖基结构，使其在催化过程中维持相对稳定的构象。同时，在具有芳香环侧链的三个氨基酸残基 Tyr316、Trp351 和 Tyr442 的附近，底物的硝基苯基团之间可以形成很强的 π-π 相互作用，并且硝基苯基团与 Asn317 之间也形成了氢键，进一步限制了复合物体系的构象变化。因此，氢键和 π-π 相互作用是重组酶 BGL0224 与底物 p-NPG 结合过程中的主要驱动力。

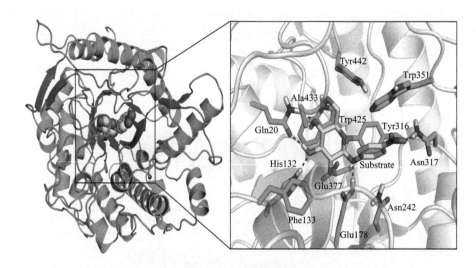

图 5-13　重组酶 BGL0224 与底物 *p*-NPG 之间的结合模式

如图 5-14 所示，重组酶 BGL0224 与底物 *p*-NPG 之间的催化机理遵循双位移反应机制（Koshland 2010），反应具体过程推测如下：首先，底物 *p*-NPG 结合

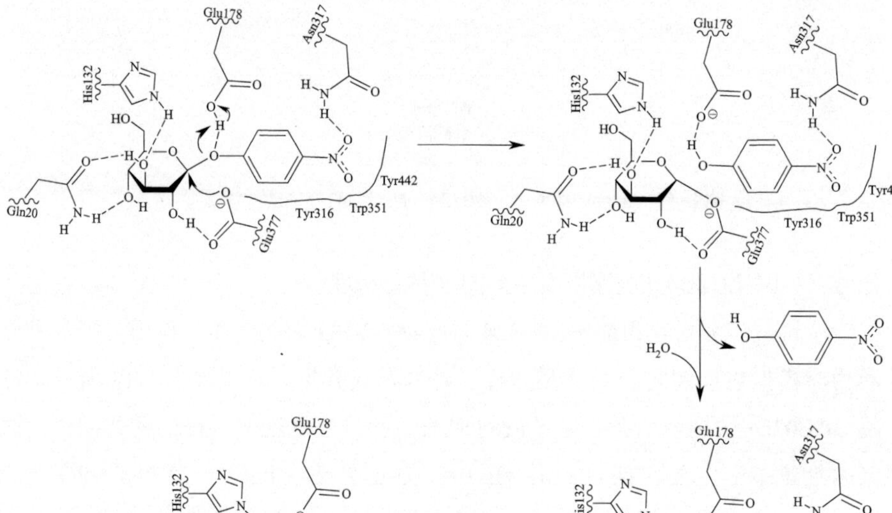

图 5-14　重组酶 BGL0224 与底物 *p*-NPG 之间的催化机理推测
（虚线表示氢键，曲线表示疏水作用）

到 BGL0224 的催化活性位点，Glu377 的羧基氧原子进攻底物 *p*-NPG 的碳原子，从而使糖苷键断裂；然后，底物配基上的氧原子俘获了 Glu178 的氢原子以形成对硝基苯酚并脱去，配基脱去之后，水分子进入 BGL0224 的活性中心。水分子的氢原子与 Glu178 的羧基结合，剩余的氢氧根离子与葡萄糖结合，破坏葡萄糖和 Glu377 之间的共价键，生成产物葡萄糖。

5.3 讨论

在第 4 章中，我们对重组 *β*-葡萄糖苷酶 BGL0224 的酶学性质进行了表征，在此基础上，本章对 BGL0224 的催化机理进行了探究，主要内容包括 BGL0224 作用于七种糖苷类型底物的酶促反应动力学、荧光猝灭机制以及 BGL0224 与底物对硝基苯基 *β*-D-吡喃葡萄糖苷（*p*-NPG）之间结合模式的分子模拟。

当催化七种类型的底物时，温度和 pH 对重组酶 BGL0224 催化能力的影响与其他报道的 *β*-葡萄糖苷酶相似。例如，较高的最适催化温度表明 BGL0224 是一种热稳定酶，与大多数来自糖苷水解酶第一家族的 *β*-葡萄糖苷酶一致（Li et al. 2018；Florindo et al. 2018）。此外，由于需要将催化基团保持在正确的电离状态，酶通常对 pH 敏感，在本研究中，催化性的谷氨酸残基需要起酸的作用，较高的 pH 值可能会使离子质子化变得不稳定并阻碍催化反应，因此，与许多 *β*-葡萄糖苷酶一样，BGL0224 显示出最适的酸性 pH。

总体来说，重组酶 BGL0224 对七种类型的底物均具有一定的催化作用，其中，对含有"*β*-"键的底物具有较强的催化作用，而对含有"*α*-"键的底物催化作用较弱。具体而言，在七种底物中，重组酶 BGL0224 对底物对硝基苯基 *β*-D-吡喃葡萄糖苷的亲和力最高，而对底物对硝基苯基 *β*-D-葡糖醛酸苷的亲和力最低。根据最近的一些报道，糖基部分和糖苷键的类型对于底物识别都是至关重要的，这也反映在本研究中（Zhu et al. 2017）。一方面，尽管 BGL0224 对"*β*-"键具有普遍的催化作用，但不同的配基也会影响催化效率，BGL0224 对底物对硝基苯基 *β*-D-葡糖醛酸苷较低的催化效率证明了这一点，显然，除了当取代基是葡糖醛酸的情况时，BGL0224 对其他含有"*β*-"键的底物具有很强的催化作用。另一方面，它对含有"*α*-"键的底物的催化作用较弱，表明重组酶 BGL0224 也具有一定的底物选择性。

荧光猝灭是由于蛋白基团与猝灭剂分子之间发生的各种相互作用而导致的

荧光基团荧光量子产率的降低，测定猝灭剂分子诱导的蛋白基团猝灭图谱可以确定其猝灭机制和结合能力（Leckband 2000），基于此，本研究测定了不同浓度底物对重组酶 BGL0224 蛋白基团的猝灭光谱。随着底物浓度的增加，BGL0224 的荧光强度逐渐降低，表明该蛋白基团的构象在反应过程中发生了变化，峰的红移说明猝灭过程伴有能量损失，推测对硝基苯基 β-D-吡喃葡萄糖苷在猝灭重组酶 BGL0224 的固有荧光的同时增强了荧光团微环境的极性（Liu et al. 2020）。七种底物对重组酶 BGL0224 蛋白基团的荧光猝灭均遵循静态猝灭理论，即属于通过两者的相互作用形成复合物进而引起的静态猝灭类型。就结合能力而言，重组酶 BGL0224 与七种底物之间均具有一定的结合能力，尤其与底物对硝基苯基 β-D-吡喃葡萄糖苷和对硝基苯基 β-D-纤维二糖苷的结合能力最强，该结果与前面酶促反应动力学参数测定的结果一致。

　　同源模建中模板的选择是核心问题，它主要受到以下因素的影响：待模建蛋白与模板蛋白序列的相似度和同源性，模板的长度以及氨基酸残基的完整程度、有无配基，来源物种等。通常认为，结构的相似性可以由序列的相似性推断，因此，本研究中选择了来自大肠杆菌的 β-葡萄糖苷酶 BglA 的晶体结构（ID：2XHY）作为模板构建重组酶 BGL0224 的三维结构模型，结果显示，两个蛋白序列的一致性达到了 57%，远大于 30%，因此，2XHY 的晶体结构是用于构建重组酶 BGL0224 三维结构的良好模板，后续对 BGL0224 三维结构模型的评估也证明了这一点。重组酶 BGL0224 的三维结构模型显示，在它的整体结构中有一个 $(\beta/\alpha)_8$ 桶状结构域，酶的活性位点就包含其中，这与大部分糖苷水解酶第一家族的 β-葡萄糖苷酶一致，而与某些来自于植物的糖苷水解酶第三家族 β-葡萄糖苷酶的双桶结构明显不同（Varghese et al. 1999）。另外，BGL0224 的整体结构显示出较低的柔韧性，主要原因是其中间的 β-折叠层被更多的 α-螺旋所包裹，整体结构相对稳定，而具有较大柔韧性的氨基酸残基主要分布于 Gly24 ～ Asn29、Ala42 ～ Ala46、Lys200 ～ Ser204、Ser250 ～ Ala254、Ser323 ～ Val339 和 Ser347 ～ Trp351，这些氨基酸残基整体位于 BGL0224 三维结构的"环状"区域，该区域暴露于水环境中，并且与周围的水分子有很强的相互作用，因此它的柔韧性比其他区域更大。

　　研究 β-葡萄糖苷酶的催化机理对于提高其催化效率具有重要意义，近年来，从分子层面上探索 β-葡萄糖苷酶的催化机理成为研究的热点。例如，有研究人员通过酶-底物热力学和分子对接模拟结合的方法揭示了 β-葡萄糖苷酶 TN0602 独特的催化特异性和反应动力学（Yang et al. 2018）；大麦 β-葡萄糖苷酶的三维模型不仅解释了该酶具有水解某些小的二聚体底物的能力，还解释了其偏爱直链 $1,4$-β-寡糖苷底物的原因（Hrmova et al. 1998）；还有研究者在高分辨率电镜下比较了 β-葡萄糖苷酶 Bgl6 及其变体的结构，为其耐受葡萄糖的机制提供了依据（Pang et al. 2017）。从这些研究中我们可以看到，详细的动力学研究和分子模拟对于酶的功能注释非常重要。在本章内容中，我们对重组酶 BGL0224 与底物对硝基苯基 β-D-吡喃葡萄糖苷（p-NPG）之间的结合模式进行了分子模拟，通过分析模拟过程中的收敛参数，发现复合物体系"BGL0224-pNPG"在 40 ns 后趋于稳定，与其他复合物体系相比，"BGL0224-pNPG"具有较低的结合能，表明体系非常稳定（Dodda et al. 2018；Wickramasinghe et al. 2017）。一般来说，有四种类型的非键相互作用可在配体与蛋白质的结合中发挥作用：氢键、范德华力、静电力和疏水相互作用，而在本研究中，氢键被认为是维持复合物体系"BGL0224-pNPG"高水平结构稳定性最重要的非键相互作用。据报道，β-葡萄糖苷酶的水解作用主要取决于在糖苷键附近的两个带有羧基的氨基酸残基（Li et al. 2014；Guce et al. 2010），通过推导重组酶 BGL0224 的催化机理，我们发现，其三维结构模型中也存在相应的具有催化功能的氨基酸残基，分别为 Glu178 和 Glu377。整体催化过程遵循双位移反应机制，两个谷氨酸残基 Glu178 和 Glu377 在整个催化过程中起着至关重要的作用。总体而言，本研究对 BGL0224 的催化机理给出了新的见解，这也为后续 β-葡萄糖苷酶的分子修饰和改造提供了理论基础。

5.4　本章小结

（1）重组酶 BGL0224 催化七种底物的最适反应温度结果表明，除了作用于对硝基苯基 β-D-吡喃葡糖醛酸苷和对硝基苯基 β-D-吡喃木糖苷的最适反应温度分别为 45 ℃和 40 ℃外，催化其余 5 种底物时的最适反应温度均为 50 ℃。重组酶 BGL0224 催化七种底物的最适反应 pH 均为 5.0，说明 pH 对不同催化反应的影响差异不大。

（2）重组酶 BGL0224 对七种底物均有一定的催化作用，尤其是对于含有"β-"键的底物，另一方面，BGL0224 也显示出一定程度的底物选择性。根据特异性常数（K_{cat}/K_m）的大小，BGL0224 的最适底物为对硝基苯基 β-D-吡喃葡萄糖苷，其余依次为对硝基苯基 β-D-纤维二糖苷、对硝基苯基 β-D-吡喃半乳糖苷、

对硝基苯基 β-D-吡喃木糖苷、对硝基苯基 α-D-吡喃葡萄糖苷和对硝基苯基 α-D-吡喃半乳糖苷和对硝基苯基 β-D-吡喃葡糖醛酸苷。重组酶 BGL0224 作用于七种底物反应活化能 E_a 的测定结果表明，BGL0224 催化对硝基苯基 β-D-吡喃葡萄糖苷的反应最容易发生，而催化对硝基苯基 β-D-吡喃葡糖醛酸苷的反应最难进行。

（3）荧光光谱测定结果表明七种类型的底物对重组酶 BGL0224 蛋白基团的荧光特性均有猝灭作用，且伴随着能量损失。七种底物对 BGL0224 蛋白基团的荧光猝灭机制均为静态猝灭，根据结合常数 K_b 的大小，对硝基苯基 β-D-吡喃葡萄糖苷与重组酶 BGL0224 的结合能力最强，对硝基苯基 β-D-吡喃葡糖醛酸苷和对硝基苯基 α-D-吡喃半乳糖苷与重组酶 BGL0224 的结合能力最弱，且七种类型的底物与 BGL0224 均只有一个结合位点。

（4）本章以来自大肠杆菌的 β-葡萄糖苷酶 BglA 的晶体结构（ID：2XHY）为模板构建了重组酶 BGL0224 的三维结构模型，评估结果表明，模型符合立体化学的能量规律，可靠性和稳定性很高。分子动力学模拟结果表明复合物体系"BGL0224-pNPG"的结合能主要由库仑作用力和 LJ 势能构成，两种能量对结合能的贡献基本相同。在动力学模拟过程中，复合物体系"BGL0224-pNPG"在 40 ns 后趋于稳定，稳定后体系的结合能为（−202.00±20.72）kJ/mol。结合模式探究结果表明，氢键和 π-π 相互作用是重组酶 BGL0224 与底物 p-NPG 结合过程中的重要驱动力，BGL0224 与底物 p-NPG 之间的催化机理遵循双位移反应机制，谷氨酸残基 Glu178 和 Glu377 在整个催化过程中起着至关重要的作用。

第6章
重组 *β*-葡萄糖苷酶 BGL0224
对赤霞珠葡萄酒品质特性的影响

赤霞珠葡萄（Cabernet Sauvignon）原产于法国波尔多，是世界上最主要的红酒酿造品种之一。赤霞珠葡萄酒占有很高的市场份额，主要原因有两个，一是赤霞珠葡萄能适应各种不同的气候，可以在世界范围内广泛种植；其次，赤霞珠葡萄酒颜色诱人，口感醇厚，受到广大消费者的喜爱。在中国，随着人们生活质量的提高，对葡萄酒的品质要求也越来越高，寻求各种方法来提高葡萄酒的品质是目前中国葡萄酒行业的主要研究方向（Sun et al. 2018b）。挥发性香气成分是评估葡萄酒质量的重要指标，也是影响消费者购买意愿的重要因素，不同葡萄酒中香气成分的种类和含量有所不同，这些差异构成了葡萄酒的不同风格和地域特征，而复杂且均衡的香气也决定了葡萄酒产品的市场接受度（Ellena et al. 2010）。因此，关于葡萄酒香气成分的研究对于建立系统的葡萄酒质量评价体系具有重要意义。

众所周知，来源于微生物的 *β*-葡萄糖苷酶具有良好的催化性能，在食品发酵领域尤其是在改善葡萄酒香气方面已被广泛研究。其中的部分研究专注于筛选具有高 *β*-葡萄糖苷酶活性的微生物，大多数是酵母菌（Ma et al. 2017；Lopez et al. 2015；Gueguen et al. 1998），还有一些研究则涉及 *β*-葡萄糖苷酶本身的催化特性对葡萄酒发酵过程的影响。例如，有研究报道，由掷孢酵母菌株（*Sporidiobolus pararoseus*）产生的胞外 *β*-葡萄糖苷酶对葡萄酒中的相关抑制性的化合物具有良好的耐受性，并且在酒精发酵的所有阶段均可以发挥作用（Baffi et al. 2011）；也有研究人员发现添加 *β*-葡萄糖苷酶可显著增强葡萄酒中的香气成分，并减少花色苷的降解，这十分有利于红酒的发酵（Wang et al. 2013）。

尽管当下有许多关于 *β*-葡萄糖苷酶对葡萄酒香气影响的研究，但这些研究几乎都集中在酵母菌尤其是非酿酒酵母来源的 β-葡萄糖苷酶上,关于酒酒球菌来源的 β-葡萄糖苷酶对葡萄酒香气影响的研究鲜有报道;另一方面,这些研究的重点普遍是 β-葡萄糖苷酶对葡萄酒中萜烯类糖苷的水解作用,但是,葡萄酒是由数百种挥发性化合物组成的复杂系统,除萜烯类物质外,还有多种挥发性化合物共同影响着葡萄酒的香气。因此,本章在前几章研究内容的基础上,以商业 β-葡萄糖苷酶作为对比,系统地研究了重组 β-葡萄糖苷酶对赤霞珠葡萄酒品质特性的影响,这对于重组 β-葡萄糖苷酶 BGL0224 的工业应用前景的开发具有重要意义。

6.1 探究 β-葡萄糖苷酶对葡萄酒品质的影响

6.1.1 试验材料与试剂

赤霞珠葡萄于 2019 年 9 月收获(总可溶性固形物含量为 24.6° Brix,pH 值为 3.85)。葡萄园位于西北农林科技大学葡萄酒学院教学实习基地(E108.04°,N34.31°)。

第 3 章中分离纯化得到的重组酶 BGL0224 的冻干粉末。

商业 β-葡萄糖苷酶(C-BGL)购于上海源叶生物科技有限公司。活性干酵母(商业型号:RW)购于湖北宜昌安琪酵母有限公司。色谱级的气质标准品购于美国 Sigma-Aldrich 公司。果胶酶、氯化钠、碳酸钠、亚硫酸(SO$_2$ 含量为 6%)、蛋白胨、葡萄糖、酵母浸粉、磷酸二氢钾、十二水合磷酸氢二钠、吐温 80、乙酸、乙酸钠、七水合硫酸镁、无水乙醇等试剂购于北京索莱宝科技有限公司。

6.1.2 主要仪器

手持糖度计	上海光学仪器厂
PHS-3C 型 pH 计	上海雷磁仪器厂
KH-250DE 超声波清洗机	昆山禾创超声仪器有限公司
PEN3 式便携式电子鼻	德国 Airsence 有限公司
气相色谱质谱联用仪 QP2010	日本岛津公司
超纯水系统 Elix Essential	法国 Millipore S.A.S 公司

6.1.3 葡萄酒酿造工艺与实验设计

以赤霞珠葡萄为原料酿造葡萄酒的工艺流程与实验设计方案如图 6-1 所示，具体细节描述如下：

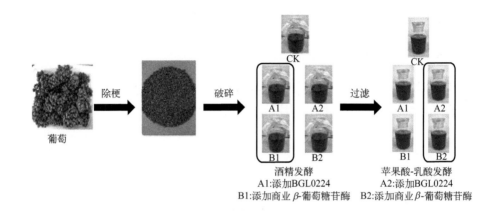

图 6-1 葡萄酒酿造工艺与实验设计

（1）将新鲜的葡萄（约 50 kg）手动去梗后破碎，向其中添加 50 mg/L 的 SO_2 和 30mg/L 的果胶酶（30 U/mg），并手动混合。

（2）浸渍 24 h 后，将上述葡萄果浆等量转移到 15 个装载量为 2 L 的玻璃发酵罐中，15 个发酵罐被分为 5 组（CK、A1、A2、B1、B2），每组包括 3 个重复。

（3）在 37℃水浴条件下预先活化干酵母，然后向所有组中分别添加 200 mg/L 的活性干酵母。

（4）开始酒精发酵前，分别将 10 mg 重组酶 BGL0224（382.81 U/mg）和 95 mg 的商业 β-葡萄糖苷酶 C-BGL（40 U/mg）加入到 A1 组和 B1 组中，CK、A2 和 B2 组不作处理，然后将所有酒样在 28℃进行酒精发酵，持续 7 天，在此期间对发酵罐保持密度控制。

（5）酒精发酵结束后，将所有酒样分别通过四层纱布过滤以去掉皮渣。然后，将 10 mg 重组酶 BGL0224 和 95mg 商业 β-葡萄糖苷酶 C-BGL 分别加入到 A2 组和 B2 组中，CK、A1 和 B1 组不作处理，完成后，所有酒样在 16℃进行苹果酸-乳酸发酵，持续 21 天。

（6）将所有酒样离心（4℃，2795×g，10 min）后储存在 −20℃环境下，直至分析。

6.1.4 电子鼻测定方法

本章使用 PEN3 便携式电子鼻对酒样的挥发性气味进行分析。PEN3 电子鼻由采样设备、包含传感器阵列的检测器单元和用于数据记录和制作的模式识别软件（Win Muster v.1.6.2.22）组成，电子鼻配备了 10 个不同属性的金属氧化物气体传感器（MOS 传感器），由于金属电导率的差异，当传感器与不同的挥发性成分接触时，所产生的响应信号也不同（Xu et al. 2019）。在测定之前，首先根据仪器使用说明用丙酮、异丙醇和丙醇对电子鼻进行校准。完成后，将 5 mL 50 倍稀释的酒样加入到 30 mL 的玻璃瓶中平衡 5 min，以便在分析之前使挥发性成分进行富集。然后，将补气针插入到玻璃瓶中，随后插入进样针，持续采样 60 s 后，依次拔出进样针和补气针。每次测试后，将清洁气体泵入进气通道清洗 300 s，以重新建立仪器基线。传感器的强度定义为 G/G_0，其中 G_0 和 G 分别是传感器在零气和酒样气体中的电导率。

6.1.5 气相色谱质谱联用仪（GC-MS）测定方法

（1）酒样预处理。通过顶空固相微萃取（HS-SPME）提取所有葡萄酒样品中的香气化合物。将 5 mL 酒样加入到带有搅拌器磁铁的 20 mL 顶空瓶中，向其中添加 6 μL 0.45 mg/mL 的 2-辛醇（甲醇作为溶剂）作为内标，同时添加 1.5 g 氯化钠以抑制酶的降解并促进挥发性化合物向顶部空间的释放。将顶空瓶密封后在 40℃下平衡 15 min。接下来，将已老化的固相微萃取头插入顶空瓶中吸附 10 min 以收集挥发性化合物，完成后，插入气相色谱仪进样口，于 250℃下解析 3 min。

（2）GC-MS 分析。色谱条件：使用 DB-17MS 毛细管柱（60 m×0.25 mm × 0.25 μm，美国安捷伦），进样器、界面和离子源的温度分别为 250℃、230℃ 和 230℃，载气（超纯氦气）的流速为 1.0 mL/min。色谱柱升温程序为，起始温度 40℃，保持 3 min，之后以 4℃/min 的速率升温至 120℃，再以 6℃/min 的速率升高至 240℃并保持 12 min（Gao et al. 2020）。

质谱条件：离子源温度 230℃，电子能量 70 eV，在 35～500 amu 的扫描范围内收集数据。

基于检测到的挥发性化合物的保留时间与 NIST2017 质谱库中标准品的保留时间比较进行定性，仅分析相似度大于 85% 的化合物；根据内标物（2-辛醇）和挥发性化合物的相对峰面积进行半定量分析。

6.1.6 香气感官评价

采用量化法对赤霞珠葡萄酒的香气进行感官评价。根据国际酒类"风味轮"香气术语的使用原则和方法，结合已有研究中葡萄酒香气成分的分析（Tao et al. 2009），研究制定出本研究中赤霞珠葡萄酒香气感官评价描述参考用语（表6-1）。参照 GB/T 16861—1997 的方法，经过培训的评价人员在感官评价室内嗅闻随机提供的不同酒样，每次间隔 3 min，然后参考表6-1写出所能嗅闻到的香气描述语，并使用5分制对香气强度进行评分（1—弱、2—稍弱、3—中、4—轻微激烈、5—激烈）。用描述语的贡献度（各描述语 M 值与总 M 值之比）来评价每个酒样的香气特征，即 $M=\sqrt{FI}$，其中 $F\%$ 代表每个大类描述次数占所有可能描述次数的百分比，$I\%$ 代表每个大类描述强度占所有可能描述强度的百分比。

表6-1 赤霞珠葡萄酒香气描述参考用语

大类	具体描述举例
热带水果类	菠萝、芒果、番石榴、百香果、石榴
酸水果类	山楂、越橘（蓝莓）、树莓、杏、李
甜水果类	西瓜、梨、桃、樱桃、枣
干果类	枣椰子、水果蛋糕、葡萄干、无花果
花香类	鸢尾花、牡丹、刺槐、金银花、紫色、薰衣草、紫丁香、茉莉花、玫瑰
柑橘类	柠檬、柚子、橙子、青柠、果酱
香料味	肉桂、八角、茴香、桉树、辣椒、黑胡椒、薄荷、百里香
脂香类	奶油、脂肪、奶香、甜香、牛油
发酵香类	松露、蘑菇、微生物、酵母
刺激性气味	卸甲油

6.2 结果与分析

6.2.1 电子鼻分析

图6-2展示了经过不同处理的赤霞珠葡萄酒中挥发性化合物的电子鼻传感器

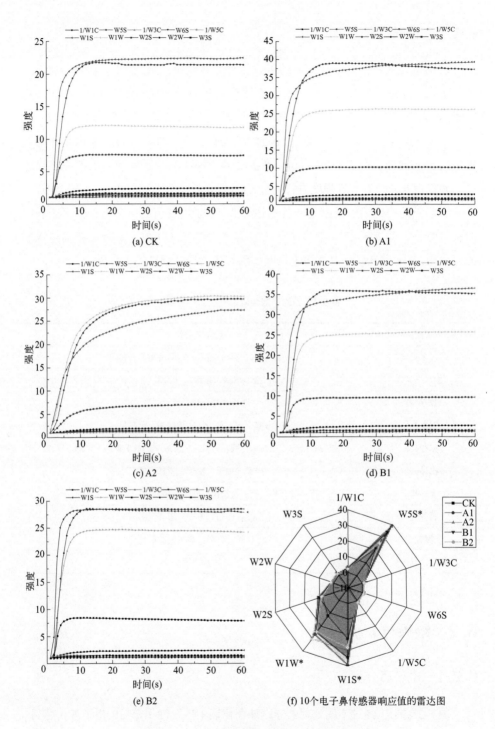

图6-2　不同处理赤霞珠葡萄酒的电子鼻响应强度

响应强度曲线。从图 6-2 中可以看出，W1S、W2S、W5S 和 W1W 传感器对所有样品中的挥发性化合物具有更强的响应能力，在经过初始阶段的低强度之后，这四个传感器的响应强度急剧增加，之后保持稳定，而其余六个传感器的信号强度在检测期间始终处于较低水平，基本没有变化，雷达图［图 6-2（f）］则更加直观地展示了传感器对不同酒样响应强度的差异。结合表 6-2 中十个传感器的性能描述可以得出，A1 组酒样表现出 W1S、W2S 和 W5S 传感器的最高信号响应强度，表明在酒精发酵之前添加重组酶 BGL0224 会增加酒中的醇类、芳香族化合物和氮氧化物的含量；对于 W1W 传感器，CK 组酒样的信号响应明显低于其他组，由于该传感器对萜烯类化合物敏感，说明无论是在酒精发酵还是苹果酸-乳酸发酵时期添加 β-葡萄糖苷酶都可以显著增加赤霞珠葡萄酒中萜烯类化合物的含量。

表 6-2 PEN3 电子鼻中 10 个传感器的性能描述

传感器编号	传感器名称	性能描述
1	W1C	对芳香族苯类化合物敏感
2	W5S	对氮氧化物敏感
3	W3C	对芳香胺类化合物敏感
4	W6S	对氢化物敏感
5	W5C	对烷烃、芳香族化合物敏感
6	W1S	对甲基类化合物敏感，与 W2S 相似
7	W1W	对萜烯类化合物敏感
8	W2S	对醇类和部分芳香族化合物敏感
9	W2W	对芳香族化合物和有机硫化物敏感
10	W3S	对长链烷烃敏感

作为一种多元统计方法，主成分分析（principal component analysis，PCA）已经广泛用于大型数据集的分析。PCA 数据分析是一种在减少信息损失的前提下，利用降维思想将多个指标转换为几个综合指标的数据处理方法（Jolliffe et al. 2016）。本研究便利用主成分分析方法将电子鼻数据中的十个传感器指标转化为 PC1 和 PC2 两个综合指标，结果如图 6-3 所示。PC1 和 PC2 的方差之和占到总方差的 80.20%，其中 PC1 占 53.30%，PC2 占 26.90%，说明这两个主成分基本保留了原数据中的信息。载荷图［图 6-3（a）］展示了每个传感器对 PC1 和 PC2 得分值的贡献，可以看出，W2S、W1C、W3C 和 W5C 是对 PC1 贡献最大的四

个传感器，结合表 6-2，这四个传感器都对芳香族化合物敏感，因此我们将 PC1 命名为"芳香指数"；而 W1W 传感器对 PC2 的贡献最大，类似地，根据 W1W 传感器的性能描述，将 PC2 命名为"萜烯指数"。总体而言，通过 PCA 分析，所有组之间可以彼此区分开［图 6-3（b）］，说明电子鼻能够对不同处理的酒样做出区分，而且，添加了 β-葡萄糖苷酶的酒样的 PCA 结果与 CK 组有着显著差异，这表明添加 β-葡萄糖苷酶会导致酒样中挥发性风味化合物发生明显变化。具体而言，A1 组和 B1 组位于主成分 PC1 的正半轴上，表明它们的"芳香指数"明显高于其他三个组，其中又以在酒精发酵前添加重组酶 BGL0224 对酒中芳香族

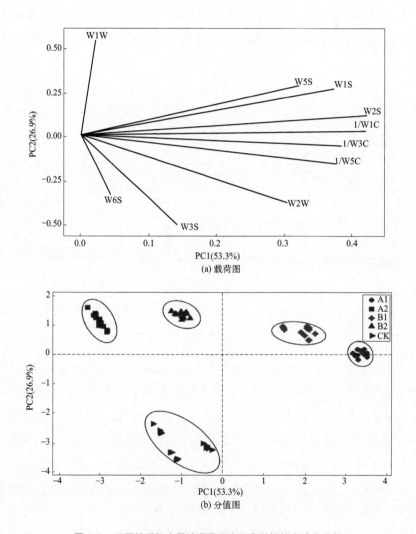

图 6-3　不同处理的赤霞珠葡萄酒电子鼻数据的主成分分析

化合物的增加最为明显；对于主成分 PC2，四个实验组与对照组均有明显差异，表明无论任何时期添加重组酶 BGL0224 和 C-BGL 都显著提高了酒样的"萜烯指数"。

6.2.2 GC-MS 分析

为了更加深入地了解在不同时期添加重组酶 BGL0224 和 C-BGL 对赤霞珠葡萄酒中香气成分的影响，本研究对不同处理酒样的挥发性化合物进行了 GC-MS 分析，整体的结果如图 6-4 所示。在所有的酒样中一共检测到了 78 种香气化合物，包括醇、酯、酸、醛酮和萜烯五个大类，其中酯类化合物又被细分为乙酸酯、短链脂肪酸乙酯（SCFAEEs）、中链脂肪酸乙酯（MCFAEEs）、长链脂肪酸乙酯（LCFAEEs）和其他酯类五个小类。一方面，在 CK 组、A1 组、A2 组、B1 组和 B2 组酒样中分别检测到了 47 种、62 种、63 种、63 种和 49 种香气化合物，表明除了在苹果酸-乳酸发酵时期添加 C-BGL 对酒样中香气化合物种类的提升不够显著外，其余处理均极大地丰富了赤霞珠葡萄酒中香气化合物的种类；另一方面，与 C-BGL 相比，在酒精发酵前添加重组酶 BGL0224 显著增加了赤霞珠葡萄酒中链脂肪酸乙酯、长链脂肪酸乙酯和萜烯类化合物的浓度。

醇类化合物通常被认为是对葡萄酒中含量最丰富的香气成分，本研究检测并分析了添加重组酶 BGL0224 和 C-BGL 对赤霞珠葡萄酒中醇类香气化合物的影响，具体结果见表 6-3。在五组不同处理的赤霞珠葡萄酒酒样中共检测到 15 种醇类香气化合物，CK 组、A1 组、A2 组、B1 组和 B2 组酒样中分别检测到了 12 种、11 种、12 种、10 种和 9 种，其中的 7 种香气化合物在所有组别中均有检出。在 15 种醇类香气化合物中，3-甲基-1-丁醇的浓度最高，其次是苯乙醇和二-甲基-1-丁醇，这三种醇类化合物的浓度均超过了 1000 μg/L；浓度较低的醇类化合物有 2-庚醇、反式-3-己烯-1-醇和顺式-3-己烯-1-醇，它们的浓度均低于 10 μg/L。此外，CK 组总的醇类化合物的浓度达到（7863.94 ± 187.23）μg/L，是所有组别中最高的，而 A2 组和 B2 组中总的醇类化合物浓度相对较低，分别为（6727.24 ± 157.84）μg/L 和（5961.60 ± 146.83）μg/L，这也表明了添加重组酶 BGL0224 和 C-BGL，尤其是在苹果酸-乳酸发酵期间，会在一定程度上降低赤霞珠葡萄酒中醇类化合物的总量。

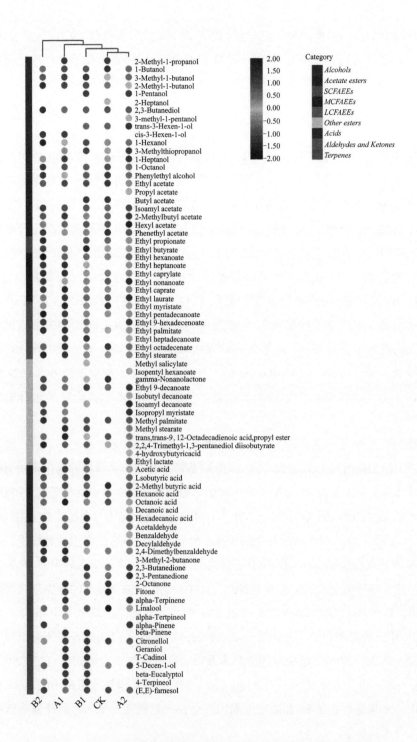

图 6-4　不同处理赤霞珠葡萄酒中挥发性香气化合物的分组聚类和热图可视化

表 6-3　不同处理赤霞珠葡萄酒中的醇类香气化合物

化合物（μg/L）	不同处理				
	CK	A1	A2	B1	B2
异丁醇	504.38±6.37	431.91±8.45	nd	nd	nd
正丁醇	7.81±0.17a	19.60±0.43c	10.92±0.13b	17.98±0.41d	16.13±0.30e
3-基-1-丁醇	2837.55±80.88a	2637.34±660.53a	2940.26±65.20a	3133.02±51.05a	2687.06±51.28a
2-基-1-丁醇	1129.35±14.54b	1357.18±8.08d	1192.28±16.24c	1333.08±30.39d	1014.32±20.07a
1-戊醇	nd	nd	26.62±0.73	3.31±0.34	nd
2-庚醇	6.28±0.30	nd	nd	nd	nd
2，3-丁二醇	723.83±15.59d	682.94±14.85c	468.82±6.82b	696.70±11.18c	401.55±6.71a
3-甲基-1-戊醇	nd	nd	37.91±0.66	nd	nd
反式-3-己烯-1-醇	2.93±0.08a	nd	4.44±0.13b	2.95±0.11a	nd
顺式-3-己烯-1-醇	nd	6.50±0.16	nd	nd	6.34±0.02
正己醇	177.06±8.57bc	173.99±4.44b	179.14±4.82bc	186.94±4.40c	152.65±6.26a
3-甲硫基丙醇	40.14±0.76b	53.36±0.92c	14.03±0.26a	125.30±2.19d	nd
正庚醇	37.16±0.71b	86.39±3.57d	17.97±0.58a	nd	44.69±5.45c
1-辛醇	36.22±0.89b	30.05±0.81a	35.12±3.68b	35.52±2.26b	28.94±1.01a
苯乙醇	2361.23±58.37e	1938.82±31.76c	1799.73±58.59b	2178.31±19.07d	1609.92±55.73a
总计	7863.94±187.23de	7418.08±140.00c	6727.24±157.84b	7713.11±121.40d	5961.60±146.83a

注：同一行不同字母表示利用 Duncan 多重比较差异显著（$p < 0.05$）；"nd" 代表未检出。

　　添加重组酶 BGL0224 和 C-BGL 对赤霞珠葡萄酒中酯类香气化合物浓度的影响结果见表 6-4。酯类化合物是由醇类或者酚类化合物的羟基与来自有机酸的羧基缩合而形成的，是葡萄酒中最重要的挥发性成分之一，也直接影响葡萄酒的香气特征和感官品质（Gutierrez-Gamboa et al. 2018）。如表 6-4 所示，在五种处理的赤霞珠葡萄酒中一共检测到 35 种酯类香气化合物，CK 组、A1 组、A2 组、B1 组和 B2 组酒样中分别检测到了 23 种、28 种、32 种、30 种和 27 种。其中共检测到 7 种乙酸酯，B1 和 A1 组总的乙酸酯浓度较高，分别为（917.6 ± 9.37）μg/L 和（915.38 ± 16.18）μg/L，B2 组中总的乙酸酯浓度最低，为（759.98 ± 8.15）μg/L，与对照组相比，除乙酸乙酯外，在实验组中均未观察到乙酸酯类化合物浓度的显著增加。B1 组 [（35.77 ± 0.33）μg/L] 和 A1 组 [（16.72 ± 0.13）μg/L] 分别具有最高和最低的短链脂肪酸乙酯浓度，但是，在所有处理中仅检测到丙酸乙酯和丁酸乙酯两种短链脂肪酸乙酯，而且浓度也很低，这表明短链脂肪酸乙酯对葡萄酒的香气影响很小。与短链脂肪酸乙酯相反，中链脂肪酸乙酯和长链脂肪酸乙酯的浓度相对较高，其中，具有花香的辛酸乙酯和具有果香的癸酸乙酯是中链脂肪酸乙酯浓度的主要贡献者，而在长链脂肪酸乙酯中，具有脂质香气的棕榈酸乙酯的浓度显著高于其他化合物。值得注意的是，A1 组酒样中的中链脂肪酸乙酯 [（3004.19 ± 36.14）μg/L] 和长链脂肪酸乙酯 [（4090.37 ± 94.07）μg/L] 的总浓度显著高于其他组，表明在酒精发酵之前添加重组酶 BGL0224 可以显著增加赤霞珠葡萄酒中脂肪酸乙酯的含量。在五组不同处理的酒样中总共检测到 13 种其他酯类化合物，其中，具有果味芳香的 9-癸酸乙酯的浓度显著高于其他化合物，另外，B1 组和 B2 组中其他酯类化合物的总浓度分别为（860.49 ± 15.93）μg/L 和（809.62 ± 12.07）μg/L，显著高于其他组，说明添加 C-BGL 可以显著增加赤霞珠葡萄酒中其他酯类化合物尤其是 9-癸酸乙酯的浓度。

表 6-4　不同处理赤霞珠葡萄酒中的酯类香气化合物

化合物（μg/L）	不同处理				
	CK	A1	A2	B1	B2
乙酸酯					
乙酸乙酯	451.16±3.26a	577.80±11.57d	530.50±3.25c	570.81±0.56d	481.41±5.94b
乙酸丙酯	nd	nd	4.68±0.10	nd	nd
乙酸丁酯	12.11±0.10	nd	nd	14.48±0.23	nd
乙酸异戊酯	195.98±2.56b	201.39±2.73b	164.64±2.08a	199.73±5.44b	161.95±1.60a
2-甲基丁基乙酸酯	42.91±0.65b	47.16±0.80d	35.87±2.15a	42.10±2.30b	37.46±0.28a
乙酸己酯	11.29±0.25cd	10.90±0.51c	6.99±0.23a	11.45±0.19d	9.08±0.04b
乙酸苯乙酯	86.94±1.21d	78.13±0.57c	71.68±0.85b	79.03±0.65c	70.08±0.29a
总计	800.39±4.77b	915.38±16.18d	814.36±8.66bc	917.6±9.37d	759.98±8.15a
短链脂肪酸乙酯					
丙酸乙酯	8.70±0.07c	nd	7.49±0.14b	9.21±0.08d	4.03±0.07a
丁酸乙酯	19.25±0.10d	16.72±0.13b	18.26±0.24c	26.56±0.25e	15.34±0.04a
总计	27.95±0.17d	16.72±0.13a	25.75±0.38c	35.77±0.33e	19.37±0.11b

化合物（μg/L）	不同处理				
	CK	A1	A2	B1	B2
中链脂肪酸乙酯					
己酸乙酯	194.92±4.04b	204.83±4.69c	205.42±2.34c	200.11±0.66bc	133.14±1.99a
庚酸乙酯	nd	12.35±0.33c	7.78±0.17b	8.01±0.10b	5.68±0.04a
辛酸乙酯	771.07±6.86b	1427.06±17.50e	955.29±5.96d	934.58±4.04c	558.25±4.43a
壬酸乙酯	28.13±0.22b	33.07±0.42c	43.57±0.67e	34.74±0.95d	26.16±0.26a
癸酸乙酯	658.24±7.57b	1073.64±10.22d	658.68±6.03b	775.66±21.02c	495.76±5.71a
十二酸乙酯	128.69±3.26b	253.24±2.98e	104.31±3.66a	208.04±4.20d	188.10±3.62c
总计	1781.05±21.95b	3004.19±36.14e	1975.05±18.83c	2161.14±30.97d	1407.09±16.05a
长链脂肪酸乙酯					
十四酸乙酯	103.13±1.68a	359.26±4.66d	164.13±1.81c	158.90±1.09b	160.31±1.46bc
十五酸乙酯	67.56±0.43b	97.47±2.06d	68.02±0.31b	71.08±0.51c	30.80±0.59a
9-十六碳烯酸乙酯	nd	200.62±2.42c	78.78±2.13a	116.48±3.40b	299.57±3.16d
棕榈酸乙酯	1624.69±9.86b	2619.68±73.69d	1585.85±23.01c	1857.64±41.60c	1012.44±58.44a
十七烷酸乙酯	nd	21.33±1.32c	14.18±0.42b	9.09±0.12a	nd
反油酸乙酯	52.54±2.50a	316.67±5.11e	93.97±2.05b	109.99±3.31c	202.09±1.97d
十八酸乙酯	221.36±1.85b	475.34±4.81d	289.42±4.20c	284.58±3.90c	112.83±3.52a
总计	2069.28±16.32b	4090.37±94.07e	2294.35±33.93c	2607.76±53.93d	1818.04±69.14a
其他酯类					
水杨酸甲酯	nd	nd	nd	25.85±0.33	nd
己酸异戊酯	nd	nd	14.20±0.10	nd	nd
γ-壬内酯	13.45±0.19d	9.60±0.42b	nd	10.22±0.10c	8.32±0.11a
乙基9-癸烯酸酯	224.96±3.55b	225.74±2.66b	162.96±2.35a	527.51±10.00d	476.27±6.24c
癸酸异丁酯	nd	nd	6.30±0.05	nd	nd
癸酸异戊酯	nd	19.16±0.17b	38.58±0.05d	21.97±0.71c	16.13±0.16a
肉豆蔻酸异丙酯	nd	36.19±0.03b	70.03±0.33c	nd	26.48±0.14a
棕榈酸甲酯	136.53±3.13d	123.90±3.96c	84.76±0.53b	133.35±2.77d	71.59±1.01a
硬脂酸甲酯	nd	16.59±0.29c	10.42±0.43b	8.76±0.02a	nd
反亚油酸丙酯	23.29±0.24a	153.72±1.17e	34.55±0.38c	44.52±0.17d	29.20±0.62b
2，2，4-三甲基戊二醇异丁酯	97.79±1.16c	74.85±0.62a	87.34±1.23b	75.94±1.70a	173.36±3.64d

化合物 (μg/L)	不同处理				
	CK	A1	A2	B1	B2
其他酯类					
4-羟基丁酸乙酰酯	nd	nd	3.12±0.03	nd	nd
L(-)-乳酸乙酯	nd	11.32±0.08c	8.76±0.19b	12.37±0.13d	8.27±0.15a
总计	496.02±8.27a	671.07±9.40c	521.02±5.67b	860.49±15.93e	809.62±12.07d

注：同一行不同字母表示利用 Duncan 多重比较差异显著（$p < 0.05$）；"nd"代表未检出。

挥发性的酸类化合物也是影响葡萄酒香气特征的因素之一。如表 6-5 所示，在五组不同处理的酒样中总共检测到 7 种挥发性酸类化合物，其中，辛酸的相对浓度最高，其次是乙酸。无论在酒精发酵还是苹果酸-乳酸发酵时期，添加重组酶 BGL0224 和 C-BGL 均增加了赤霞珠葡萄酒中挥发性酸类化合物的浓度，提升最显著的是 B1 组，其挥发性酸类化合物的总浓度达到了（940.20 ± 26.66）μg/L，是对照组（449.01 ± 7.54）μg/L 的两倍有余。本研究还检测了五组酒样中挥发性的醛类和酮类化合物，分别有 4 种醛类化合物和 5 种酮类化合物被检测出，它们的浓度均在 0 ～ 70 μg/L 之间。A1 组和 B1 组中挥发性的醛酮类化合物的浓度相对较高，分别为（141.91 ± 3.16）μg/L 和（164.33 ± 3.92）μg/L，表明在酒精发酵之前添加重组酶 BGL0224 或 C-BGL 会增加赤霞珠葡萄酒中醛酮类化合物的浓度。

表 6-5　不同处理赤霞珠葡萄酒中的酸类和醛酮类香气化合物

化合物 (μg/L)	不同处理				
	CK	A1	A2	B1	B2
酸类					
乙酸	nd	237.47±5.04d	192.94±4.13b	209.35±10.77c	152.35±5.16a
异丁酸	nd	10.56±0.30a	14.64±0.32b	17.61±0.69c	10.34±1.10a
2-甲基丁酸	2.61±0.02a	14.93±0.25e	11.82±0.50c	5.34±0.03b	13.06±0.09d
己酸	53.69±0.91b	79.44±0.68c	43.08±0.60a	234.90±5.48d	55.13±1.15b
辛酸	392.71±6.61e	232.88±9.45a	321.22±5.39b	345.70±5.60c	365.99±1.80d
癸酸	nd	nd	69.88±0.74	nd	nd
棕榈酸	nd	107.72±5.16b	82.62±2.61a	127.30±4.09c	78.64±0.57a
总计	449.01±7.54a	683.00±20.88b	736.20±14.29d	940.20±26.66e	716.44±10.85c

化合物 （μg/L）	不同处理				
	CK	A1	A2	B1	B2
醛酮类					
乙醛	nd	29.55±0.56c	23.63±0.48b	33.17±0.70d	21.50±0.71a
苯甲醛	nd	nd	7.35±0.47	nd	nd
癸醛	nd	6.51±0.21bc	6.38±0.22b	6.75±0.32c	5.04±0.08a
2，4-二甲基 苯甲醛	35.58±0.43d	19.70±0.39a	28.59±0.49b	30.92±0.72c	50.97±1.60e
3-甲基-2-丁酮	nd	6.00±0.33	nd	nd	3.70±0.04
2，3-丁二酮	14.13±0.35b	nd	12.10±0.19a	20.39±0.20c	nd
2，3-戊二酮	3.76±0.02a	nd	4.78±0.03b	3.56±0.31a	nd
2-辛酮	6.34±0.10a	18.28±0.29c	nd	11.26±0.25b	nd
植酮	16.12±0.08a	67.87±1.38c	nd	58.28±1.42b	nd
总计	75.93±0.98a	141.91±3.16c	82.83±1.88b	164.33±3.92d	81.21±2.43b

注：同一行不同字母表示利用 Duncan 多重比较差异显著（$p < 0.05$）；"nd" 代表未检出。

添加重组酶 BGL0224 和 C-BGL 对赤霞珠葡萄酒中萜烯类香气化合物浓度的影响结果见表 6-6。在所有葡萄酒样品中总共检测到 12 种萜烯类化合物，包括九种单萜和三种倍半萜，其中 CK 组、A1 组、A2 组、B1 组和 B2 组酒样中分别检测到了 4 种、11 种、6 种、9 种和 6 种萜烯类化合物，说明相较于在苹果酸-乳酸发酵之前添加重组酶 BGL0224 的处理，在酒精发酵之前添加重组酶 BGL0224 可以更加显著地提升赤霞珠葡萄酒中萜烯类香气化合物的种类。如表 6-6 所示，在所有检测到的萜烯类化合物中，芳樟醇的浓度最高，其次是香茅醇，这表明芳樟醇和香茅醇是赤霞珠葡萄酒中萜烯类化合物的主要贡献者。此外，A1 组和 B1 组中总的萜烯类化合物的浓度分别为（210.21 ± 8.98）μg/L 和（180.28 ± 7.73）μg/L，是对照组（89.40 ± 5.27）μg/L 的 2.35 倍和 2.02 倍，因此，在酒精发酵之前添加 β-葡萄糖苷酶，尤其是重组酶 BGL0224，显著增加了赤霞珠葡萄酒中萜烯类化合物的种类和含量。

表 6-6　不同处理赤霞珠葡萄酒中的萜烯类香气化合物

化合物 （μg/L）	不同处理				
	CK	A1	A2	B1	B2
松油烯	nd	3.45±0.13	4.30±0.23	nd	nd
芳樟醇	43.80±1.93a	78.68±2.62c	71.56±3.54b	87.19±3.82c	78.82±2.17d

化合物 （μg/L）	不同处理				
	CK	A1	A2	B1	B2
α-松油醇	nd	11.89±0.51	nd	nd	nd
α-蒎烯	nd	nd	2.70±0.25	nd	3.11±0.07
β-蒎烯	nd	5.89±0.41	nd	3.50±0.21	nd
香茅醇	34.80±1.57c	33.67±1.13c	24.36±0.76ab	22.34±1.29a	26.70±1.81b
香叶醇	nd	15.73±0.07	nd	15.06±0.79	nd
杜松醇	nd	35.54±2.19	nd	22.77±0.35	nd
(Z)-5-癸烯-1-醇	6.95±0.28a	7.44±1.21a	6.75±0.35a	7.26±0.43a	6.85±0.44a
β-桉叶油醇	nd	9.70±0.51	nd	7.33±0.45	nd
4-萜烯醇	nd	3.17±0.07a	nd	5.35±0.22c	3.94±0.33b
金合欢醇	3.85±0.31a	5.05±0.13b	4.58±0.34b	9.48±0.17c	9.58±0.34c
总计	89.40±5.27a	210.21±8.98e	114.25±5.47b	180.28±7.73d	129.00±5.16c

注：同一行不同字母表示利用 Duncan 多重比较差异显著（$p < 0.05$）；"nd"代表未检出。

6.2.3 感官评价分析

五种处理赤霞珠葡萄酒酒样的感官评价分析结果如图6-5所示。雷达图［图6-5（a）］展示了不同酒样的六种主要感官特征的得分情况，包括"热带水果味""酸水果味""甜水果味""花香味""脂香味"和"柑橘味"。其中，在所有酒样中，A1组酒样的"热带水果味""甜水果味"和"花香味"这三种感官特征的得分最高，其次是B1组，但B1组也加剧了赤霞珠葡萄酒中的"酸水果味"。此外，"脂香味"是A2组和B2组酒样的主要感官特征，而"柑橘味"则是CK组酒样的主要感官特征，在其整体的感官评价中占据主导地位。

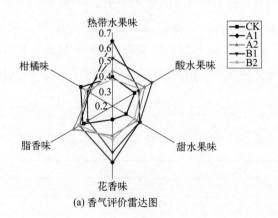

(a) 香气评价雷达图

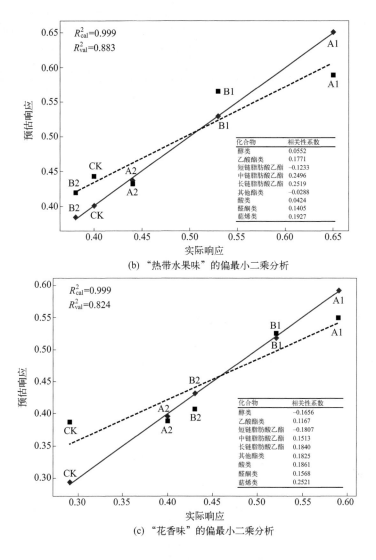

化合物	相关性系数
醇类	0.0552
乙酸酯类	0.1771
短链脂肪酸乙酯	−0.1233
中链脂肪酸乙酯	0.2496
长链脂肪酸乙酯	0.2519
其他酯类	−0.0288
酸类	0.0424
醛酮类	0.1405
萜烯类	0.1927

(b) "热带水果味"的偏最小二乘分析

化合物	相关性系数
醇类	−0.1656
乙酸酯类	0.1167
短链脂肪酸乙酯	−0.1807
中链脂肪酸乙酯	0.1513
长链脂肪酸乙酯	0.1840
其他酯类	0.1825
酸类	0.1861
醛酮类	0.1568
萜烯类	0.2521

(c) "花香味"的偏最小二乘分析

图 6-5　不同处理赤霞珠葡萄酒的感官评价

　　为了更深入地了解各组酒样中挥发性香气化合物与感官特征之间的关系，以 GC-MS 测得的九类挥发性香气化合物的浓度作为观测值，酒样的感官特征评价结果作为响应值进行了偏最小二乘回归分析（partial least squares regression，PLSR），结果表明 PLSR 模型能很好地预测"热带水果味"和"花香味"。如图 6-5（a）和（b）所示，两个 PLSR 模型（热带水果味：$R^2_{cal/val}$ = 0.999/0.883；花香味：$R^2_{cal/val}$ = 0.999/0.824）在校准和交叉验证中的贡献率均大于 0.7，表明模型的可靠性良好（Somaratne et al. 2019）。通过图中的相关系数可以得出各类挥发性化合物与感官特征之间的相关性，例如，大多数挥发性香气化合物与赤霞珠葡萄酒中的"热带水果味"呈正相关，其中，长链脂肪酸乙酯与"热带水果味"之间的相关系数最大，为 + 0.2519，说明其对赤霞珠葡萄酒中的"热带水果味"贡献最大；其次是中链脂肪酸乙酯，它与"热带水果味"的相关系数也达到了 + 0.2496；相反，短链脂肪酸乙酯和其他酯类则与赤霞珠葡萄酒中的"热带水果味"呈负相关，相关系数分别为 –0.1233 和 –0.0288。图 6-5（c）表明，萜烯类化合物是赤霞珠葡萄酒中"花香味"感官特征的主要贡献者，两者的相关系数为 + 0.2251，而短链脂肪酸乙酯和醇类化合物则对赤霞珠葡萄酒中的"花香味"感官特征有一定的抑制作用，相关系数分别为 –0.1807 和 –0.1656。

6.3　讨论

葡萄酒香气成分的化学研究已经延续了半个多世纪。1958 年，拜耳首次使用气相色谱法检测了葡萄酒中的香气物质（Kutschke 1959），近年来，随着科学技术的进步和分析仪器的更新换代，科学家们对葡萄酒中的香气化合物进行了更加系统的研究。研究表明，葡萄酒的香气由众多挥发性化合物组成，目前，已鉴定出 1000 多种的香气成分，主要包括醇类、酯类、有机酸和萜烯类等等（Ferreira et al. 2019）。每种香气化合物对葡萄酒的风味都有不同的贡献，这主要与它们的化学结构相关。例如，醇类化合物是葡萄酒中含量最丰富的挥发性物质，包括乙醇和少量其他醇类，这些醇类物质主要是通过酵母发酵产生的，适量的高级醇会赋予葡萄酒令人愉悦的气味（Gonzalez et al. 2017）；酯类化合物也是葡萄酒的重要香气成分，它极大地影响了葡萄酒的果香；有机酸则具有一定的防腐性能，提高了葡萄酒的物理和化学稳定性（Nascimento et al. 2015）；萜烯类化合物作为香气成分的主要原因是其中挥发性的单萜和倍半萜，例如芳樟醇、香叶醇、香茅醇等（Maicas et al. 2005）。除上述几类化合物以外，其他挥发性化合物（例如酚、乙缩醛和芳香族酮）对葡萄酒的香气也有不同的影响。本章内容从 β-葡萄糖苷酶的实际应用出发，评估了重组 β-葡萄糖苷酶 BGL0224 在改善赤霞珠葡萄酒品质特性方面的潜力。主要内容包括利用电子鼻、GC-MS 以及感官评价分析了在不同时期添加重组酶 BGL0224 对赤霞珠葡萄酒中挥发性香气化合物的影响。

电子鼻分析结果表明 W1S、W2S、W5S 和 W1W 四个传感器对赤霞珠葡萄酒样品中的挥发性化合物具有更强的响应能力，后续根据 PCA 分析方法的降维原理，将电子鼻测得的十个传感器指标转化为"芳香指数"和"萜烯指数"两个综合指标，使数据更加清晰明了，易于区分。PCA 分析结果表明，在酒精发酵之前添加重组 β-葡萄糖苷酶 BGL0224 可以显著提升赤霞珠葡萄酒的"芳香指数"，对于"萜烯指数"，四个实验组与对照组均有显著差异，表明无论在任何时期添加重组酶 BGL0224 和 C-BGL 都提高了赤霞珠葡萄酒的"萜烯指数"，该结果与许多关于 β- 葡萄糖苷酶的报道一致（Bisotto et al. 2015；Valcarcel et al. 2008）。

在所有处理的酒样中，一共检测到了 78 种挥发性香气化合物，包括醇类、酯类、酸类、醛酮类和萜烯类。许多种醇类化合物，例如带有奶酪香气的 3- 甲基 -1- 丁醇和带有蜂蜜和玫瑰香气的苯乙醇具有令人愉悦的风味（Synos et al. 2015），然而，根据之前的报道，较低浓度的醇类化合物有利于增加葡萄酒香气的复杂性，而过高的醇类化合物浓度会引起令人不快的感觉（Rapp et al. 1986）。在本研究中，CK 组中总的醇类化合物浓度在所有组中是最高的，A2 组和 B2 组相对较低，表明添加 β-葡萄糖苷酶，尤其是在苹果酸-乳酸发酵期间，会降低赤霞珠葡萄酒中总的醇类化合物的浓度，这可能是由于 β-葡萄糖苷酶间接参与了醇与其他化合物的相互转化过程，导致醇类化合物的浓度降低。有趣的是，这也在某种程度上增加了对葡萄酒中其他挥发性化合物的感官认知。

为了更加深入地了解添加重组酶 BGL0224 对赤霞珠葡萄酒中挥发性酯类化合物的影响，本章中将检测到的酯类化合物又细分为五个小类：乙酸酯、短链脂肪酸乙酯、中链脂肪酸乙酯、长链脂肪酸乙酯和其他酯类。乙酸酯由来自乙醇或高级醇的醇基和来自乙酸的羧基酯化而形成。在所有酒样中总共检测到七种乙酸酯，具有果香的乙酸乙酯和具有香蕉香气的乙酸异戊酯是相对浓度较高的酯，与对照组相比，除乙酸乙酯外，在实验组中未观察到其他乙酸酯浓度的显著增加，表明添加 β-葡萄糖苷酶，尤其是重组酶 BGL0224，显著增加了赤霞珠葡萄酒中乙酸乙酯的浓度。根据已报道的文献，醇乙酰基转移酶在乙酸乙酯的生产中起着重要的作用（Kruis et al. 2017），因此，我们推测在 β-葡萄糖苷酶 BGL0224 和醇乙酰基转移酶之间存在协同关系，当然，后续仍然需要做很多工作来探索它们之间的相互作用。

据报道，葡萄酒中的脂肪酸乙酯主要由参与酵母碳营养代谢的脂肪酸产生（Hu et al. 2019），因此，通过在葡萄酒发酵过程中观察脂肪酸乙酯含量的变化，可以推断出添加重组 β-葡萄糖苷酶 BGL0224 是否影响了酵母菌的碳代谢以及葡萄酒的香气。所有酒样中只检测到丙酸乙酯和丁酸乙酯两种短链脂肪酸乙酯，而且浓度也很低，因此关注短链脂肪酸乙酯含量的变化并没有太多意义。与短链脂肪酸乙酯不同的是，赤霞珠葡萄酒中的中链脂肪酸乙酯和长链脂肪乙酯含量很高，而且在A1组中这两类化合物的总浓度显著高于其他组，表明在酒精发酵之前添加重组酶 BGL0224 可以通过影响酵母菌的碳代谢来提升赤霞珠葡萄酒中脂肪酸乙酯的含量，而在苹果酸-乳酸发酵期间添加 β-葡萄糖苷酶则不会显著影响脂肪酸乙酯的含量，这主要是由两个原因造成，首先，脂肪酸乙酯的合成和分解主要发生在酒精发酵时期（Saerens et al. 2008）；其次，β-葡萄糖苷酶的最佳反应温度通常在 30 ~ 60℃，而苹果酸-乳酸发酵时期的温度为 16℃，较低的温度也在一定程度上抑制了酶的活性。另外，在五种处理的酒样中还检测到 13 种其他酯类化合物。

作为酯类物质合成的前体物质，一些挥发性的酸（例如乙酸）被认为可以在乙酰辅酶 A 的作用下增加葡萄酒的风味（Wojdyło et al. 2020）。但是，也有研究表明，某些酸类物质（例如异丁酸、2-甲基丁酸、己酸、辛酸和癸酸等）具有令人不悦的香气，并会造成一定的刺激性异味（Lambrechts et al. 2000）。因此，太高的脂肪酸含量会掩盖葡萄酒中其他类挥发性香气物质的感知，并对葡萄酒的风味产生负面影响。醛类和酮类化合物，通过提升诸如"红苹果"和"坚果"等香气特征来增强葡萄酒的风味，但同时，由于它们的合成需要极端的有氧条件，因此过高的醛酮类化合物浓度也是葡萄酒氧化的标志之一（Delfini et al. 1993）。

葡萄酒中的萜烯类化合物主要来自葡萄果实本身，对葡萄酒的感官香气有很大贡献。1981 年，有研究人员首次从葡萄中鉴定出了萜烯类糖苷，并进一步证实葡萄中不仅含有游离态的挥发性单萜类化合物，还含有大量的非挥发性的糖苷键合态前体（Williams et al. 1981）。β-葡萄糖苷酶可以水解葡萄酒中糖苷键合态的萜烯类前体，释放出萜烯苷元，例如芳樟醇、香叶醇和4-萜品醇等，从而显著提升葡萄酒的香气（Zhao et al. 2020）。据报道，添加 β- 葡萄糖苷酶会增加霞多丽葡萄酒中香茅醇和香叶醇的浓度（Dincecco et al. 2004），这一点也在本研究中得到了体现。最终的结果表明，在酒精发酵之前添加 β-葡萄糖苷酶 BGL0224 可显著增强赤霞珠葡萄酒中的"热带水果味"和"花香味"，而萜烯类化合物则被证明是赤霞珠葡萄酒中"花香味"的主要贡献者。

6.4 本章小结

（1）电子鼻可以很好地区分经过不同处理的赤霞珠葡萄酒酒样，结果表明，无论是在酒精发酵还是苹果酸-乳酸发酵时期添加 β-葡萄糖苷酶都可以显著增加赤霞珠葡萄酒中萜烯类化合物的含量，且在酒精发酵之前添加重组 β-葡萄糖苷酶 BGL0224 可以显著提升赤霞珠葡萄酒的"芳香指数"。

（2）GC-MS 测定结果表明在酒精发酵之前添加重组 β-葡萄糖苷酶 BGL0224 可以显著增加赤霞珠葡萄酒中香气化合物的种类，也显著提高了中链脂肪酸乙酯、长链脂肪酸乙酯和萜烯类香气化合物的浓度。

（3）感官评价结果表明，在酒精发酵之前添加重组 β-葡萄糖苷酶 BGL0224 可以提升赤霞珠葡萄酒的"热带水果味""甜水果味"和"花香味"，同时抑制"柑橘味"的感官特征。PLSR 分析表明，赤霞珠葡萄酒中的"热带水果味"主要与中链脂肪酸乙酯和长链脂肪酸乙酯呈正相关，与短链脂肪酸乙酯和其他酯类呈负相关；而"花香味"则与萜烯类化合物呈正相关，与短链脂肪酸乙酯和醇类化合物呈负相关。

第 7 章
β-葡萄糖苷酶研究展望

本书以酒酒球菌产 β-葡萄糖苷酶的性质为出发点，首先系统分析了酒酒球菌 β-葡萄糖苷酶之间的进化水平和同源关系，其次又通过异源表达的方法得到了一种来自酒酒球菌 SD-2a 的重组 β-葡萄糖苷酶，命名为 BGL0224，并对其进行了酶学性质表征和催化机理研究，最后，以商业 β-葡萄糖苷酶作为对比，探究了该重组酶在葡萄酒酿造方面的应用前景，获得以下主要结论：

（1）酒酒球菌来源的 35 个 β-葡萄糖苷酶分为 3 个进化分支，分支 I 和 II 属于 GH1 家族，分支 III 属于 GH3 家族。

（2）酒酒球菌 SD-2a 中有三个编码 β-葡萄糖苷酶的基因被成功克隆，OEOE-0224 是酒酒球菌 SD-2a 基因组中编码 β-葡萄糖苷酶的关键基因；重组 β-葡萄糖苷酶 BGL0224 属于糖苷水解酶第一家族，为胞内亲水蛋白，不含信号肽。

（3）重组酶 BGL0224 的最适反应温度为 50℃，最适反应 pH 为 5.0，最适反应乙醇浓度为 12%；该酶结构中 O—H 键、N—H 键、C＝C 键和 C—O 键的运动强烈，氢原子和碳原子主要存在形式均为三种。

（4）七种类型的糖苷底物中，对硝基苯基 β-D-吡喃葡萄糖苷为重组酶 BGL0224 的最适底物；七种底物对重组酶 BGL0224 蛋白基团的荧光猝灭机制均为静态猝灭，且均只有一个结合位点。

（5）重组酶 BGL0224 和底物 p-NPG 结合的复合物体系"BGL0224-pNPG"在 40 ns 后趋于稳定，氢键和 π-π 相互作用是结合过程中的主要驱动力；二者之间的作用机理遵循双位移反应机制，谷氨酸残基 Glu178 和 Glu377 在催化过程中起着重要的作用。

（6）在酒精发酵之前添加重组酶 BGL0224 对赤霞珠葡萄酒香气的提升贡献最大；添加重组酶 BGL0224 不仅丰富了葡萄酒中挥发性香气化合物的类型，也显著提升了多种香气化合物的浓度。

总的来说，本书加深了对酒酒球菌 β-葡萄糖苷酶甚至糖苷水解酶家族的认识，也为提升赤霞珠葡萄酒的品质提供了一种新的思路。但是，在编写过程中发现仍然有一些问题需要进一步探究，特在此提出编者对于相关研究的一些展望。

（1）利用基因工程技术对重组 β-葡萄糖苷酶 BGL0224 进行体外分子改造，以提高其催化效率。在本书第5章，通过分子模拟技术，我们对重组酶 BGL0224 的催化机理有了新的认识，其整体催化过程遵循双位移反应机制，两个谷氨酸残基 Glu178 和 Glu377 在催化过程中起着至关重要的作用，这也启示我们，可以通过对该重组酶进行分子改造来研究其他氨基酸残基对其催化效率的影响。一般来说，蛋白的体外分子改造有三种方法：定点突变、定向进化和半理性设计。定点突变技术通过编码基因的突变对蛋白质的氨基酸进行替换、增加或删除，以获得性质发生改变的突变体，但是成功率较低；定向进化允许构建超大容量的突变体库，但工作量大；半理性设计则融合了这两种方法的长处，通过构建小型的突变体库，既提高了成功率又大大减少了工作量，成为未来 β-葡萄糖苷酶体外分子改造的重要手段。因此，利用半理性设计的方法对重组酶 BGL0224 进行体外分子改造以提高其催化效率值得进一步研究。

（2）利用蛋白工程技术进一步解析重组 β-葡萄糖苷酶 BGL0224 的空间结构。本研究中，我们对重组酶 BGL0224 的结构进行了初步表征，并通过同源模建的方法构建了其三维结构模型，为了更加深入和全面地了解该重组酶的结构和功能之间的关系，对其空间结构的进一步解析是十分必要的。目前对蛋白质分子空间结构的解析方法中较为先进的有 X 射线晶体衍射法和冷冻电子显微镜技术，这两种方法各有优劣，需要在实践中检验两者对重组酶 BGL0224 结构的解析效果。

（3）发掘更多新型的 β-葡萄糖苷酶。当对现有的 β-葡萄糖苷酶已经进行了充分的开发和利用时，挖掘新型的 β-葡萄糖苷酶资源就具有更为重要的意义。鉴于 β-葡萄糖苷酶在生物质能源的转化以及食品和医疗等方面的应用潜力，一种具有全新功能或者更高催化效率的 β-葡萄糖苷酶的出现带来的可能是一片更加广阔的天地。

参考文献

[1] 关尚玮, 陈恺, 范利君, 等 .2020. 哈密大枣中 β-D-葡萄糖苷酶活性测定条件的优化 . 食品工业, 41：158-162.

[2] 黄平, 吴世旺, 江正强, 杨绍青 .2019. 巴伦葛兹类芽孢杆菌 β-葡萄糖苷酶的表达、酶学性质及结构解析 . 食品科学技术学报, 37：24-31.

[3] 李爱华, 孙玮璇, 刘玥姗, 陶永胜 .2018. 赤霞珠葡萄 β-葡萄糖苷酶活性与成熟指标间的关联分析 . 中国食品学报, 18：203-210.

[4] 李华, 高丽 .2007.β-葡萄糖苷酶活性测定方法的研究进展 . 食品与生物技术学报, 26：107-114.

[5] 梁华正, 刘富梁, 彭玲西, 吴志梅 .2006. 京尼平苷为底物测定 β-葡萄糖苷酶活力的方法 . 食品科学, 16：182-185.

[6] 苏丽娟, 肖元玺, 李琰, 等 .2020. 近暗散白蚁 β-葡糖糖苷酶基因 RpBg7 的克隆及其在毕赤酵母中的表达 . 昆虫学报, 63：3-11.

[7] 宛晓春 .1992. 水果风味及风味酶的研究 . 无锡：无锡轻工业大学 .

[8] 杨晓宽 .2012.β-葡萄糖苷酶研究进展 . 河北科技师范学院学报, 26：77-81.

[9] Ahn Y O, Shimizu B, Sakata K, Gantulga D, Zhou C, Bevan D R, Esen A.2010.Scopolin-hydrolyzing beta-glucosidases in roots of *Arabidopsis.Plant and Cell Physiology*, 51：132-140.

[10] Anselment B, Baerend D, Mey E, Buchner J, Weuster Botz D, Haslbeck M.2010.Experimental optimization of protein refolding with a genetic algorithm.*Protein Science*, 19：2085-2095.

[11] Baeshen M N, Al-Hejin A M, Bora R S, Ahmed M M, Ramadan H A, Saini K S, Baeshen N A, Redwan E M.2015.Production of biopharmaceuticals in *E.coli*：current scenario and future perspectives.*Journal of Microbiology and Biotechnology*, 25：953-962.

[12] Baffi M A, Tobal T, Henrique J, Lago G, Leite R S, Boscolo M, Gomes E, Da Silva R.2011.A novel β-glucosidase from *Sporidiobolus pararoseus*：characterization and application in winemaking. *Journal of Food Science*, 76：997-1002.

[13] Bailey T L, Boden M, Buske F A, Frith M, Grant C E, Clementi L, Ren J, Li W W, Noble W S.2009.MEME SUITE：tools for motif discovery and searching.*Nucleic Acids Research*, 37：202-208.

[14] Barbagallo R N, Spagna G, Palmeri R, Torriani S.2004.Assessment of β-glucosidase activity in selected wild strains of *Oenococcus oeni* for malolactic fermentation.*Enzyme and Microbial Technology*, 34：292-296.

[15] Barleben L, Panjikar S, Ruppert M, Koepke J, Stockigt J.2007.Molecular architecture of strictosidine glucosidase：the gateway to the biosynthesis of the monoterpenoid indole alkaloid family. *Plant Cell*, 19：2886-2897.

[16] Basu A, Li X, Leong S S J.2011.Refolding of proteins from inclusion bodies：rational design and recipes.*Applied Microbiology and Biotechnology*, 92：241-251.

[17] Bauer M W, Kelly R M.1998.The family 1 beta-glucosidases from *Pyrococcus furiosus* and

Agrobacterium faecalis share a common catalytic mechanism.*Biochemistry*，37：171-180.

[18] Berghem L E R，Pettersson L G.1974.The mechanism of enzymatic cellulose degradation：isolation and some properties of a β-glucosidase from *Trichoderma viride*.*European Journal of Biochemistry*，46：295-305.

[19] Bhatia Y，Mishra S，Bisaria V.2002.Microbial β-glucosidases：cloning，properties，and applications.*Critical Reviews in Biotechnology*，22：375-407.

[20] Bisotto A，Julien A，Rigou P，Schneider R，Salmon J-M.2015.Evaluation of the inherent capacity of commercial yeast strains to release glycosidic aroma precursors from Muscat grape must.*Australian Journal of Grape and Wine Research*，21：194-199.

[21] Braunberger C，Zehl M，Conrad J，Fischer S，Adhami H R，Beifuss U，Krenn L.2013.LC–NMR，NMR，and LC–MS identification and LC–DAD quantification of flavonoids and ellagic acid derivatives in *Drosera peltata*.*Journal of Chromatography B*，932：111-116.

[22] Bruinzeel W，Masure S.2012.Recombinant expression，purification and dimerization of the neurotrophic growth factor *Artemin* for in vitro and in vivo use.*Protein Expression and Purification*，81：25-32.

[23] Brzobohaty B，Moore I，Kristoffersen P，Bako L，Campos N，Schell J，Palme K.1993.Release of active cytokinin by a beta-glucosidase localized to the maize root meristem.*Science*，262：1051-1054.

[24] Cairns J R K，Esen A.2010.β-Glucosidases.*Cellular and Molecular Life Sciences*，67：3389-3405.

[25] Cairns J R K，Mahong B，Baiya S，Jeon J S.2015.β-Glucosidases：multitasking，moonlighting or simply misunderstood.*Plant Science*，241：246-259.

[26] Cantarel B L，Coutinho P M，Rancure C，Bernard T，Lombard V，Henrissat B.2009.The Carbohydrate-Active EnZymes database（CAZy）an expert resource for glycogenomics.*Nucleic Acids Research*，37：233-238.

[27] Chan C S，Sin L L，Chan K-G，Shamsir M S，Abd Manan F，Sani R K，Goh K M.2016. Characterization of a glucose-tolerant β-glucosidase from *Anoxybacillus* sp.DT3-1.*Biotechnology for Biofuels*，9：1-11.

[28] Chen C，Chen H，Zhang Y，Thomas H R，Frank M H，He Y，Xia R.2020.TBtools：an integrative toolkit developed for interactive analyses of big biological data.*Molecular Plant*，13：1194-1202.

[29] Chenhui，Li，Junshu，Wei，Yaping，Jing，Baoxia，Teng，Pingrong，Yang.2019.A β-glucosidase-producing M-2 strain：Isolation from cow dung and fermentation parameter optimization for flaxseed cake.*Animal Nutrition*，5：105-112.

[30] Li D X，Zhu Z Z.2010.Purification and partial characterization of beta-glucosidase from fresh leaves of tea plants *Acta Biochimica et Biophysica Sinica*，37：363-370.

[31] Dan Q，Xiong W，Liang H，Zhan F，Chen Y.2019.Characteristic of interaction mechanism between β-lactoglobulin and nobiletin：a multi-spectroscopic，thermodynamics methods and docking study.*Food Research International*，120：255-263.

[32] Davidson E A，Samanta S，Caramori S S，Savage K.2012.The Dual Arrhenius and Michaelis–Menten kinetics model for decomposition of soil organic matter at hourly to seasonal time scales.*Global Change Biology*，18：371-384.

[33] Davies H G.1997.Structural and sequence-based classification of glycoside hydrolases.*Current Opinion in Structural Biology*，7：637-644.

[34] Delfini C，Costa A.1993.Effects of the grape must lees and insoluble materials on the alcoholic fermentation rate and the production of acetic acid，pyruvic acid，and acetaldehyde.*American Journal of Enology and Viticulture*，44：86-92.

[35] Deng T，Ge H，He H，Liu Y，Zhai C，Feng L，Yi L.2017.The heterologous expression strategies of antimicrobial peptides in microbial systems.*Protein Expression and Purification*，140：52-59.

[36] Dias M，Melo M M，Schwan R F，Silva C F.2016.A new alternative use for coffee pulp from semi dry process to β-glucosidase production by *Bacillus subtilis.Letters in Applied Microbiology*，61：588-595.

[37] Diekmann L，Behrendt M，Amiri M，Naim H Y.2017.Structural determinants for transport of lactase phlorizin-hydrolase in the early secretory pathway as a multi-domain membrane glycoprotein.*BBA-General Subjects*，1861：3119-3128.

[38] Dietz K J，Sauter A，Wichert K，Messdaghi D，Hartung W.2000.Extracellular β-glucosidase activity in barley involved in the hydrolysis of ABA glucose conjugate in leaves.*Journal of Experimental Botany*，51：937-944.

[39] Dillon A J P，Bettio M，Pozzan F G，Andrighetti T，Camassola M.2011.A new *Penicillium echinulatum* strain with faster cellulase secretion obtained using hydrogen peroxide mutagenesis and screening with 2-deoxyglucose.*Journal of Applied Microbiology*，111：48-53.

[40] Dincecco N，Bartowsky E，Kassara S，Lante A，Spettoli P，Henschke P.2004.Release of glycosidically bound flavour compounds of Chardonnay by *Oenococcus oeni* during malolactic fermentation.*Food Microbiology*，21：257-265.

[41] Dodda S R，Aich A，Sarkar N，Jain P，Jain S，Mondal S，Aikat K，Mukhopadhyay S S.2018. Structural and functional insights of β-glucosidases identified from the genome of *Aspergillus fumigatus*. *Journal of Molecular Structure*，1156：105-114.

[42] Dong M，Fan M，Zhang Z，Xu Y，Li A，Wang P，Yang K.2014.Purification and characterization of β-glucosidase from *Oenococcus oeni* 31MBR.*European Food Research and Technology*，239：995-1001.

[43] Dong S，Liu Y J，Zhou H，Xiao Y，Feng Y.2020.Structural insight into a GH1 β-glucosidase from the oleaginous microalga，*Nannochloropsis oceanica.International Journal of Biological Macromolecules*，170：55-63.

[44] Dvir H，Harel M，Mccarthy A A，Toker L，Silman I，Futerman A H，Sussman J L.2003.X-ray structure of human acid β-glucosidase，the defective enzyme in Gaucher disease.*Embo Reports*，4：704–709.

[45] El-Deen A M N，Shata H M A H，Farid M A F.2014.Improvement of β-glucosidase production by co-culture of *Aspergillus niger* and *A.oryzae* under solid state fermentation through feeding process.*Annals of Microbiology*，64：627-637.

[46] Ellena K A，Robyn L K，Chris C，Jan H S，Isak S P A，Susan E P B，Leigh F A.2010.The effect of multiple yeasts co-inoculations on Sauvignon Blanc wine aroma composition，sensory properties and consumer preference.*Food Chemistry*，122：618-626.

[47] Espindola S, Mateos, Matías C A, Cervantes, Edgar, Zenteno, Marie-Christine, Slomianny, Juan, Alpuche.2015.Purification and partial characterization of β-Glucosidase in chayote (*Sechium edule*).*Molecules*, 20: 19372-19392.

[48] Fan H, Miao L, Liu Y, Liu H, Liu Z.2011.Gene cloning and characterization of a cold-adapted β-glucosidase belonging to glycosyl hydrolase family 1 from a psychrotolerant bacterium *Micrococcus antarcticus*.*Enzyme and Microbial Technology*, 49: 94-99.

[49] Fang Z, Liu J, Hong Y, Peng H, Zhang Q.2010.Cloning and characterization of a β-glucosidase from marine microbial metagenome with excellent glucose tolerance.*Journal of Microbiology and Biotechnology*, 20: 1351-1358.

[50] Fang S, Chang J, Lee Y S.2014.Cloning and characterization of a new broadspecific β-glucosidase from *Lactococcus* sp.FSJ4.*World Journal of Microbiology and Biotechnology*, 30: 213-223.

[51] Fang W, Yang Y, Zhang X, Yin Q, Zhang X, Wang X, Fang Z, Ya X.2016.Improve ethanol tolerance of β-glucosidase Bgl1A by semi-rational engineering for the hydrolysis of soybean isoflavone glycosides.*Journal of Biotechnology*, 227: 64-71.

[52] Ferreira V, Lopez R.2019.The actual and potential aroma of winemaking grapes.*Biomolecules*, 9: 1-35.

[53] Florindo R N, Souza V P, Manzine L R, Camilo C M, Marana S R, Polikarpov I, Nascimento A S.2018.Structural and biochemical characterization of a GH3 B-glucosidase from the probiotic bacteria *Bifidobacterium adolescentis*.*Biochimie*, 148: 107-115.

[54] Fusco F, Anna F, Gabriella P, Emilia C, Patrizia B.2018.Biochemical characterization of a novel thermostable beta-glucosidase from *Dictyoglomus turgidum*.*International Journal of Biological Macromolecules*, 113: 783-791.

[55] Gagne S, Lucas P M, Perello M C, Claisse O, Revel G D.2015.Variety and variability of glycosidase activities in an *Oenococcus oeni* strain collection tested with synthetic and natural substrates.*Journal of Applied Microbiology*, 110: 218-228.

[56] Gamero A, Hernandez P, Querol A, Ferreira V.2011.Effect of aromatic precursor addition to wine fermentations carried out with different *Saccharomyces* species and their hybrids.*International Journal of Food Microbiology*, 147: 33-44.

[57] Gao X, Liu E, Zhang J, Yang L, Huang Q, Chen S, Ma H, Hou T, Liao L.2020.Accelerating aroma formation of raw soy sauce using low intensity sonication.*Food Chemistry*, 329: 127118.

[58] Gilkes N R, Henrissat B, Kilburn D G, Miller R C, Warren R A J.1991.Domains in microbial beta-1, 4-glycanases : sequence conservation, function, and enzyme families.*Microbiological Reviews*, 55: 303-315.

[59] Gokara M, Malavath T, Kalangi S K, Pallu R, Subramanyam R.2014.Unraveling the binding mechanism of asiatic acid with human serum albumin and its biological implications.*Journal of Biomolecular Structure and Dynamics*, 32: 1290-1302.

[60] Gonzalez R, Morales P.2017.Wine secondary aroma : understanding yeast production of higher alcohols.*Microbial Miotechnology*, 10: 1449-1450.

[61] Grimaldi A, Bartowsky E, Jiranek V.2005.A survey of glycosidase activities of commercial wine strains of *Oenococcus oeni*.*International Journal of Food Microbiology*, 105: 233-244.

[62] Guadalupe V, Perla T, Alcaraz F, Maria R C, Juan A, Lopez M.2018.Stabilization of dimeric beta-glucosidase from *Aspergillus niger* via glutaraldehyde immobilization under different conditions. *Enzyme and Microbial Technology*, 110: 38-45.

[63] Guce A I, Clark N E, Salgado E N, Ivanen D R, Kulminskaya A A, Brumer H, Garman S C.2010. Catalytic mechanism of human alpha-galactosidase.*Journal of Biological Chemistry*, 285: 3625-3632.

[64] Gueguen Y, Chemardin P, Janbon G, Arnaud A, Galzy P.1998.Investigation of the β-glucosidases potentialities of yeast strains and application to bound aromatic terpenols liberation.*Studies in Organic Chemistry*, 53: 149-157.

[65] Guilloux-Benatier M, Son H S, Bouhier S, Feuillat M.1993.Activites enzymatiques : glycosidases et peptidase chez *Leuconostoc oenos* au cours de la croissance bacterienne.*Vitis Geilweilerhof*, 32: 51-57.

[66] Guo W, Sasaki N, Fukuda M, Yagi A, Watanabe N, Sakata K.1998.Isolation of an aroma precursor of benzaldehyde from tea leaves *Journal of the Agricultural Chemical Society of Japan*, 62: 2052-2054.

[67] Gutierrez Gamboa G, Garde Cerdan T, Carrasco Quiroz M, Perez Alvarez E P, Martinez Gil A M, Alamo Sanza M, Moreno Simunovic Y.2018.Volatile composition of Carignan noir wines from ungrafted and grafted onto Pais (*Vitis vinifera* L.) grapevines from ten wine growing sites in Maule Valley, Chile.*Journal of the Science of Food and Agriculture*, 98: 4268-4278.

[68] Harnpicharnchai P, Champreda V, Sornlake W, Eurwilaichitr L L.2008.A thermotolerant beta-glucosidase isolated from an endophytic fungi, *Periconia* sp, with a possible use for biomass conversion to sugars.*Protein Expression and Purification*, 67: 61-69.

[69] Hayat S M, Farahani N, Golichenari B, Sahebkar A.2018.Recombinant protein expression in *Escherichia coli* (*E.coli*): what we need to know.*Current Pharmaceutical Design*, 24: 718-725.

[70] Hayes J D, Pulford D J.1995.The glutathione S-transferase supergene family : regulation of GST and the contribution of the isoenzymes to cancer chemoprotection and drug resistance part Ⅱ.*Critical Reviews in Biochemistry and Molecular Biology*, 30: 521-600.

[71] Henrissat B.1992.A classification of glycosyl hydrolases based on amino acid sequence similarities. *Biochem J*, 280: 309–316.

[72] Hernandez P, Lapena A, Escudero A, Astrain J, Baron C, Pardo I, Polo L, Ferrer S, Cacho J, Ferreira V.2009.Effect of micro-oxygenation on the evolution of aromatic compounds in wines : Malolactic fermentation and ageing in wood.*LWT-Food Science and Technology*, 42: 391-401.

[73] Hess B, Bekker H, Berendsen H J C, Fraaije J G E M.2015.LINCS : A linear constraint solver for molecular simulations.*Journal of Chemical Theory and Computation*, 18: 1463-1472.

[74] Hou Z, Cao J.2016.Comparative study of the P2X gene family in animals and plants.*Purinergic Signal*, 12: 269-281.

[75] Hrmova M.2006.Hydrolysis of (1,4) -β-D-mannans in barley (*Hordeum vulgare* L.) is mediated by the concerted action of (1,4) -β-D-mannan endohydrolase and β-D-mannosidase.*Biochemical Journal*, 399: 77-90.

[76] Hrmova M, Macgregor E A, Biely P, Stewart R J, Fincher G B.1998.Substrate binding and

catalytic mechanism of a barley β-d-Glucosidase/（1,4）-β-d-glucan exohydrolase.*Journal of Biological Chemistry*，273：11134-11143.

[77] Hrmova M，Varghese J N，Gori R D，Smith B J，Fincher G B.2001.Catalytic mechanisms and reaction intermediates along the hydrolytic pathway of a plant beta-D-glucan glucohydrolase.*Structure*，9：1005-1016.

[78] Hu K，Jin G J，Mei W C，Li T，Tao Y S.2018.Increase of medium-chain fatty acid ethyl ester content in mixed *H.uvarum/S.cerevisiae* fermentation leads to wine fruity aroma enhancement.*Food Chemistry*，239：495-501.

[79] Hu K，Jin G J，Xu Y H，Xue S J，Qiao S J，Teng Y X，Tao Y S.2019.Enhancing wine ester biosynthesis in mixed *Hanseniaspora uvarum/Saccharomyces cerevisiae* fermentation by nitrogen nutrient addition.*Food Research International*，123：559-566.

[80] Idiris A，Tohda H，Kumagai H，Takegawa K.2010.Engineering of protein secretion in yeast：strategies and impact on protein production.*Applied Microbiology and Biotechnology*，86：403-417.

[81] Jan S，Luk D，Philippe M，Guy D，Hubert V，Verstrepen K J.2015.*Brettanomyces* yeasts：From spoilage organisms to valuable contributors to industrial fermentations.*International Journal of Food Microbiology*，206：24-38.

[82] Javed M R，Rashid M H，Riaz M，Nadeem H，Ashiq N.2018.Physiochemical and thermodynamic characterization of highly active mutated *Aspergillus niger* β-glucosidase for lignocellulose hydrolysis. *Protein and Peptide Letters*，25：208-219.

[83] Jean-Guy B，Russell M，Paul N，Gary W A.2003.Functional expression of human liver cytosolic β-glucosidase in *Pichia pastoris.European Journal of Biochemistry*，269：249-258.

[84] Jeng W Y，Wang N C，Lin C T，Chang W J，Liu C I.2012.High-resolution structures of *Neotermes koshunensis* β-glucosidase mutants provide insights into the catalytic mechanism and the synthesis of glucoconjugates.*Acta Crystallographica.section D.biological Crystallography*，12：1-3.

[85] Jolliffe I T，Cadima J.2016.Principal component analysis：a review and recent developments. *Philosophical Transactions of the Royal Society A：Mathematical，Physical and Engineering Sciences*，374：201-215.

[86] Kinoshita T，Hirata S，Yang Z，Baldermann S，Kitayama E，Matsumoto S，Suzuki M，Fleischmann P，Winterhalter P，Watanabe N.2010.Formation of damascenone derived from glycosidically bound precursors in green tea infusions.*Food Chemistry*，123：601-606.

[87] Kittur F S，Lalgondar M，Yu H Y，Bevan D R，Esen A.2006.Maize beta-glucosidase-aggregating factor is a polyspecific jacalin-related chimeric lectin，and its lectin domain is responsible for beta-glucosidase aggregation.*Journal of Biological Chemistry*，282：7299-7311.

[88] Kooy F K，Beeftink H H，Eppink M H，Tramper J，Eggink G，Boeriu C G.2014.Kinetic and structural analysis of two transferase domains in *Pasteurella multocida* hyaluronan synthase.*Journal of Molecular Catalysis B：Enzymatic*，102：138-145.

[89] Koshland D E.2010.Molecular geometry in enzyme action.*Journal of Cellular Physiology Supplement*，47：235-238.

[90] Kovacs K，Megyeri L，Szakacs G，Kubicek C P，Galbe M，Zacchi G.2008.*Trichoderma atroviride*

mutants with enhanced production of cellulase and β-glucosidase on pretreated willow.*Enzyme and Microbial Technology*，43：48-55.

[91] Kruis A J，Levisson M，Mars A E，Ploeg M，Daza F G，Ellena V，Kengen S W，Oost J，Weusthuis R A.2017.Ethyl acetate production by the elusive alcohol acetyltransferase from yeast.*Metabolic Engineering*，41：92-101.

[92] Kumar S，Stecher G，Tamura K.2016.MEGA7：molecular evolutionary genetics analysis version 7.0 for bigger datasets.*Molecular Biology and Evolution*，33：1870-1874.

[93] Kundu S.2019.Insights into the mechanism（s）of digestion of crystalline cellulose by plant class C GH9 endoglucanases.*Journal of Molecular Modeling*，25：1-24.

[94] Kutschke K O.1959.Gas chromatography.*J.Am.Chem.Soc*，12：508-514.

[95] Lambrechts M，Pretorius I.2000.Yeast and its importance to wine aroma-a review.*South African Journal of Enology and Viticulture*，21：97-129.

[96] Laskowski R A，Macarthur M W，Thornton J M.2012.PROCHECK：validation of protein structure coordinates.*American Cancer Society*，65：226-271.

[97] Leckband D.2000.Measuring the forces that control protein interactions.*Annual Review of Biophysics and Biomolecular Structure*，29：1-26.

[98] Li K Y，Jiang J，Witte M D，Kallemeijn W W，Donker-Koopman W E，Boot R G，Aerts J M，Codée J D，Marel G A，Overkleeft H S.2014.Exploring functional cyclophellitol analogues as human retaining beta-glucosidase inhibitors.*Organic and Biomolecular Chemistry*，12：7786-7791.

[99] Li X，Xia W，Bai Y，Ma R，Yang H.2018.A novel thermostable GH3 β-Glucosidase from *Talaromyce leycettanus* with broad substrate specificity and significant soybean isoflavone glycosides-hydrolyzing capability.*BioMed Research International*，2018：1-9.

[100] Li Y，Wang Y，Fan L，Wang F，Zhou J.2020.Assessment of β-D-glucosidase activity and bgl gene expression of *Oenococcus oeni* SD-2a.*PLoS ONE*，15：e0240484.

[101] Liang Z，Fang Z，Pai A，Luo J，Zhang P.2020.Glycosidically bound aroma precursors in fruits：A comprehensive review.*Critical Reviews in Food Science and Nutrition*，6：1-29.

[102] Liao F，Tian K C，Yang X，Zhou Q X，Zeng Z C，Zuo Y P.2003.Kinetic substrate quantification by fitting the enzyme reaction curve to the integrated Michaelis–Menten equation.*Analytical and Bioanalytical Chemistry*，375：756-762.

[103] Liew K J，Lim L，Woo H Y，Chan K G，Shamsir M S，Goh K M.2018.Purification and characterization of a novel GH1 beta-glucosidase from *Jeotgalibacillus malaysiensis*.*International Journal of Biological Macromolecules*，115：1094-1102.

[104] Lin Y，Chen G，Ling M，Liang Z.2010.A method of purification，identification and characterization of β-glucosidase from *Trichoderma koningii* AS3.2774.*Journal of Microbiological Methods*，83：74-81.

[105] Liu J，Kong Y，Miao J，Mei X，Wu S，Yan Y，Cao X.2020.Spectroscopy and molecular docking analysis reveal structural specificity of flavonoids in the inhibition of α-glucosidase activity.*International Journal of Biological Macromolecules*，152：981-989.

[106] Liu J, Osbourn A, Ma P.2015.MYB transcription factors as regulators of phenylpropanoid metabolism in plants.*Molecular Plant*, 8: 689-708.

[107] Lopez M C, Mateo J J, Maicas S.2015.Screening of β-glucosidase and β-xylosidase activities in four Non *Saccharomyces* yeast isolates.*Journal of Food Science*, 80: 1696-1704.

[108] Lu Y.2006.Progress on the research of *E.coli* protease system.*Biotechnology Bulletin*, 4: 12-31.

[109] Ma D, Yan X, Wang Q, Zhang Y, Tao Y.2017.Performance of selected *P. fermentans* and its excllular enzyme in co-inoculation with *S.cerevisiae* for wine aroma enhancement.*LWT-Food Science and Technology*, 86: 361-370.

[110] Mahalik S, Sharma A K, Mukherjee K J.2014.Genome engineering for improved recombinant protein expression in *Escherichia coli*.*Microbial Cell Factories*, 13: 1-13.

[111] Maicas S, Mateo J J.2005.Hydrolysis of terpenyl glycosides in grape juice and other fruit juices : a review.*Applied Microbiology and Biotechnology*, 67: 322-335.

[112] Mansfield A K, Zoecklein B W, Whiton R S.2002.Quantification of glycosidase activity in selected strains of *Brettanomyces bruxellensis* and *Oenococcus oeni*.*American Journal of Enology and Viticulture*, 53: 303-307.

[113] Marana S R, Jacobs-Lorena M, Terra W R, Ferreira C.2001.Amino acid residues involved in substrate binding and catalysis in an insect digestive β-glycosidase.*Biochim Biophys Acta*, 1545: 41-52.

[114] Marcinowsdki S, Grisebach H.2010.Enzymology of lignification cell-wall bound beta-glucosidase for coniferin from spruce (*Picea abies*) seedlings.*European Journal of Biochemistry*, 87: 37-44.

[115] Martonak R, Laio A, Parrinello M.2003.Predicting crystal structures : the Parrinello-Rahman method revisited.*Physical Review Letters*, 90: 75503-75503.

[116] Matthew F, Guillaume D, Glyn H G.2019.A cell-surface GH9 endo-glucanase coordinates with surface glycan-binding proteins to mediate xyloglucan uptake in the gut symbiont bacteroides ovatus. *Journal of Molecular Biology*, 431: 981-995.

[117] Maturano P, Assof M, Fabani M, Nally C.2015.Enzymatic activities produced by mixed *Saccharomyces* and *non-Saccharomyces* cultures : relationship with wine volatile composition.*Antonie van Leeuwenhoek*, 108: 1239-1256.

[118] Mazzei L, Ciurli S, Zambelli B.2016.Isothermal titration calorimetry to characterize enzymatic reactions.*Methods Enzymol*, 567: 215-236.

[119] Mendez-Liter J A, Eugenio L I, Martinez M J.2018.The beta-glucosidase secreted by *Talaromyces amestolkiae* under carbon starvation : a versatile catalyst for biofuel production from plant and algal biomass.*Biotechnol Biofuels*, 11: 123-133.

[120] Mesas J M, Rodríguez M C, Alegre M T, Zambelli B.2012.Basic characterization and partial purification of β-glucosidase from cell-free extracts of *Oenococcus oeni* ST81.*Letters in Applied Microbiology*, 55: 247-255.

[121] Michlmayr H, Eder R, Kulbe K D, Del H A.2012.β-Glycosidase activities of *Oenococcus oeni* : current state of research and future challenges.*Mitt Klosterneuburg Rebe Wein Obstb Fruchteverwert*, 62: 87-96.

[122] Michlmayr H，Schümann C，Wurbs P，Dasilva N M B B，Rogl V，Kulbe K D，Andrés M.2010. A β-glucosidase from *Oenococcus oeni* ATCC BAA-1163 with potential for aroma release in wine：cloning and expression in *E.coli.World Journal of Microbiology and Biotechnology*，26：1281-1289.

[123] Mika Z，Soeren B，Birger L M.2008.ChemInform abstract：cyanogenesis in plants and arthropods. *Chem Inform*，39：12-20.

[124] Miyazaki T，Plotto A，Goodner K，Jr F G G.2011.Distribution of aroma volatile compounds in tangerine hybrids and proposed inheritance.*Journal of the Science of Food and Agriculture*，91：449- 460.

[125] Morant A V，Jorgensen K，Jorgensen C，Paquette S M，Sanchez-Perez R，Moller B L，Bak S.2008.β-Glucosidases as detonators of plant chemical defense.*Phytochemistry*，69：1795-1813.

[126] Nagano A J，Yoichiro F，Masayuki F，Mikio N，Ikuko H N.2008.Antagonistic jacalin-related lectins regulate the size of ER Body-Type β-glucosidase complexes in *Arabidopsis thaliana.Plant and Cell Physiology*：969-980.

[127] Nakano R T，Pislewska-Bednarek M，Yamada K，Edger P P，Bednarek P.2017.PYK10 myrosinase reveals a functional coordination between endoplasmic reticulum bodies and glucosinolates in *Arabidopsis thaliana.Plant Journal for Cell and Molecular Biology*，89：204-220.

[128] Nascimento S F ，Schmidt E M，Messias C L，Eberlin M N，Sawaya H F.2015.Quantitation of organic acids in wine and grapes by direct infusion electrospray ionization mass spectrometry. *Analytical Methods*，7：53-62.

[129] Naz S，Ikram N，Rajoka M I，Sadaf S.2010.Enhanced production and characterization of a β-glucosidase from *Bacillus halodurans* expressed in *Escherichia coli.Biochemistry*（*Moscow*），75：513-518.

[130] Niemeyer H M.1988.Hydroxamic acids（4-hydroxy-1,4-benzoxazin-3-ones），defence chemicals in the gramineae.*Phytochemistry*，27：3349-3358.

[131] Opassiri R，Pomthong B，Akiyama T，Nakphaichit M，Onkoksoong T，KetudatCairns M，KetudatCairns J.2007.A stress-induced rice（*Oryza sativa* L.）beta-glucosidase represents a new subfamily of glycosyl hydrolase family 5 containing a fascin-like domain.*Biochemical Journal*，408：241-249.

[132] Opassiri R，Pomthong B，Onkoksoong T，Akiyama T，Esen A，Cairns J R K.2006.Analysis of rice glycosyl hydrolase family 1 and expression of Os4bglu12 β-glucosidase.*BMC Plant Biology*，6：33- 52.

[133] Osmani S A，Bak S，Mller B L.2010.Substrate specificity of plant UDP-dependent glycosyltransferases predicted from crystal structures and homology modeling.*Phytochemistry*，40：325-347.

[134] Packer M S，Liu D R.2015.Methods for the directed evolution of proteins.*Nature Reviews Genetics*，16：379-394.

[135] Palaniyandi S A，Chung G，Kim S H，Yang S H.2015.Molecular cloning and characterization of the ABA-specific glucosyltransferase gene from bean（*Phaseolus vulgaris* L.）.*Journal of Plant Physiology*，178：1-9.

[136] Pang P, Cao L C, Liu Y H, Xie W, Wang Z.2017.Structures of a glucose-tolerant β-glucosidase provide insights into its mechanism.*Journal of Structural Biology*, 2: 154-162.

[137] Pang X, Guo X, Qin Z, Yao Y, Hu X, Wu J.2012.Identification of aroma-active compounds in Jiashi muskmelon juice by GC-O-MS and OAV calculation.*Journal of Agricultural and Food Chemistry*, 60: 4179-4185.

[138] Parmeggiani C, Catarzi S, Matassini C, Dadamio G, Morrone A, Goti A, Paoli P, Cardona F.2015.Human acid β-glucosidase inhibition by carbohydrate derived iminosugars : towards new pharmacological chaperones for gaucher disease.*Chembiochem*, 16: 2054-2064.

[139] Pengthaisong S, Ketudat Cairns J R.2015.Effects of active site cleft residues on oligosaccharide binding, hydrolysis, and glycosynthase activities of rice BGlu1 and its mutants.*Protein Science A Publication of the Protein Society*, 23: 1738-1752.

[140] Pentzold S, Zagrobelny M F R, Bak S.2014.How insects overcome two-component plant chemical defence : plant β-glucosidases as the main target for herbivore adaptation.*Biological Reviews*, 89: 531-541.

[141] Perez-Martin F, Izquierdo-Canas P M, Sesena S, Garcia-Romero E, Palop M L.2015.Aromatic compounds released from natural precursors by selected *Oenococcus oeni* strains during malolactic fermentation.*European Food Research and Technology*, 240: 609-618.

[142] Phimonphan C, Thipwarin R, Jisnuson S, James R, Ketudat C.2007.Hydrolysis of soybean isoflavonoid glycosides by *Dalbergia* β-Glucosidases.*Journal of Agricultural and Food Chemistry*, 55: 2407-2412.

[143] Pierluigi D, Rader J I.2006.Analysis of isoflavones in foods and dietary supplements.*Journal of Aoac International*, 4: 31-42.

[144] Poulton J E.1990.Cyanogenesis in plants.*Plant Physiology*, 94: 401-405.

[145] Qi M, Jun H S, Forsberg C W.2008.Cel9D, an atypical 1,4-β-D-glucan glucohydrolase from *Fibrobacter succinogenes* : characteristics, catalytic residues, and synergistic interactions with other cellulases.*Journal of Bacteriology*, 190: 1976-1984.

[146] Qian L C, Sun J Y.2009.Effect of β-glucosidase as a feed supplementary on the growth performance, digestive enzymes and physiology of broilers.*Asian Australasian Journal of Animal Sciences*, 22: 260-266.

[147] Ramachandran P, Tiwari M K, Singh R K, Haw J-R, Jeya M, Lee J K.2012.Cloning and characterization of a putative β-glucosidase NfBGL595 from *Neosartorya fischeri.Process Biochemistry*, 47: 99-105.

[148] Rapp A, Mandery H.1986.Wine aroma.*Experientia*, 42: 873-884.

[149] Rodriguez-Diaz J M, Santos-Martin M T.2009.Study of the best designs for modifications of the *Arrhenius* equation.*Chemometrics and Intelligent Laboratory Systems*, 95: 199-208.

[150] Roepke J B, Gale, G.2015.*Arabidopsis thaliana* beta-glucosidase BGLU15 attacks flavonol 3-O-beta-glucoside-7-O-alpha-rhamnosides.*Phytochemistry*, 109: 14-24.

[151] Sabel A, Martens S, Petri A, Konig H, Claus H.2014.*Wickerhamomyces anomalus* AS1: a new strain with potential to improve wine aroma.*Annals of Microbiology*, 64: 483-491.

[152] Saerens S, Delvaux F, Verstrepen K, Dijck P, Thevelein J, Delvaux F.2008.Parameters affecting ethyl ester production by *Saccharomyces cerevisiae* during fermentation.*Applied and Environmental Microbiology*, 74: 454-461.

[153] Saha B C, Bothast R J.1996.Production, purification, and characterization of a highly glucose-tolerant novel beta-glucosidase from *Candida peltata*.*Applied and Environmental Microbiology*, 62: 3165-3170.

[154] Sakac M, Torbica A, Sedej I, Hadnadev M.2011.Influence of breadmaking on antioxidant capacity of gluten free breads based on rice and buckwheat flours.*Food Research International*, 44: 2806-2813.

[155] Sanaullah M, Razavi B S, Blagodatskaya E, Kuzyakov Y.2016.Spatial distribution and catalytic mechanisms of β-glucosidase activity at the root-soil interface.*Biology and Fertility of Soils*, 52: 505-514.

[156] Sanner M F.1999.Python : a programming language for software integration and development.*Journal of Molecular Graphics and Modelling*, 17: 57-61.

[157] Sansenya S, Mutoh R, Charoenwattanasatien R, Kurisu G, Ketudat Cairns J R.2015. Expression and crystallization of a bacterial glycoside hydrolase family 116 β-glucosidase from *Thermoanaerobacterium xylanolyticum*.*Acta Crystallogr F Struct Biol Commun*, 71: 41-44.

[158] Sanz-Aparicio J, Hermoso J A, Martinez-Ripoll M, Lequerica J L, Polaina J.1998.Crystal structure of beta-glucosidase from *Bacillus polymyxa* : insights into the catalytic activity in family 1 glycosyl hydrolases.*Journal of Molecular Biology*, 275: 491-502.

[159] Sarry J E, Gunata Z.2004.Plant and microbial glycoside hydrolases : volatile release from glycosidic aroma precursors.*Food Chemistry*, 87: 509-521.

[160] Scattino C, Negrini N, Morgutti S, Cocucci M, Crisosto C H, Tonutti P, Castagna A, Ranieri A.2016.Cell wall metabolism of peaches and nectarines treated with UV-B radiation : a biochemical and molecular approach.*Journal of the Science of Food and Agriculture*, 96: 939-947.

[161] Schlenzig D, Wermann M, Ramsbeck D, Moenke-Wedler T, Schilling S.2015.Expression, purification and initial characterization of human meprin β from *Pichia pastoris*.*Protein Expression and Purification*, 116: 75-81.

[162] Sener A A.2015.Extraction, partial purification and determination of some biochemical properties of β-glucosidase from Tea Leaves *Journal of Food Science and Technology*, 52: 8322-8328.

[163] Shahabadi N, Maghsudi M, Kiani Z, Pourfoulad M.2011.Multispectroscopic studies on the interaction of 2-tert-butylhydroquinone（TBHQ）, a food additive, with bovine serum albumin.*Food Chemistry*, 124: 1063-1068.

[164] Siadat S O R, Mollasalehi H, Heydarzadeh N.2015.Substrate affinity and catalytic efficiency are improved by decreasing glycosylation sites in Trichoderma reesei cellobiohydrolase I expressed in *Pichia pastoris*.*Biotechnology Letters*, 38: 1-6.

[165] Singh A, Bajar S, Bishnoi N R.2017.Physico-chemical pretreatment and enzymatic hydrolysis of cotton stalk for ethanol production by *Saccharomyces cerevisiae*.*Bioresource Technology*, 244: 71-77.

[166] Somaratne G, Reis M M, Ferrua M J, Ye A, Nau F, Floury J, Dupont D, Singh R P, Singh J.2019.Mapping the spatiotemporal distribution of acid and moisture in food structures during gastric juice diffusion using hyperspectral imaging.*Journal of Agricultural and Food Chemistry*, 67: 9399-9410.

[167] Spoel D V D, Lindahl E, Hess B, Groenhof G, Berendsen H J C.2005.GROMACS : fast, flexible, and free.*Journal of Computational Chemistry*, 26: 1701-1718.

[168] Spohner S C, Müller H, Quitmann H, Czermak P.2015.Expression of enzymes for the usage in food and feed industry with *Pichia pastoris*.*Journal of Biotechnology*, 202: 118-134.

[169] Srinivasan M, Roeske R W.2005.Immunomodulatory peptides from IgSF proteins : a review.*Current Protein and Peptide Science*, 6: 185-196.

[170] Srivastava N, Rathour R, Jha S, Pandey K, Mishra P K.2019.Microbial beta-glucosidase enzymes : recent advances in biomass conversation for biofuels application.*Biomolecules*, 9: 220-243.

[171] Stewart J J P.1990.MOPAC : A semiempirical molecular orbital program.*Journal of Computer Aided Molecular Design*, 4: 1-103.

[172] Stewart J J P.2010.Optimization of parameters for semiempirical methods.*Journal of Computational Chemistry*, 12: 320-341.

[173] Stracke R, Werber M, Weisshaar B.2001.The R2R3-MYB gene family in *Arabidopsis thaliana*. *Current Opinion in Plant Biology*, 4: 447-456.

[174] Suarez-Lepe J A, Morata A.2012.New trends in yeast selection for winemaking.*Trends in Food Science and Technology*, 23: 39-50.

[175] Sun J, Wang W, Yao C, Dai F, Zhu X, Liu J, Hao J.2018a.Overexpression and characterization of a novel cold-adapted and salt-tolerant GH1 β-glucosidase from the marine bacterium *Alteromonas* sp.L82.*The Journal of Microbiology*, 56: 656-664.

[176] Sun W X, Hu K, Zhang J X, Zhu X L, Tao Y S.2018b.Aroma modulation of Cabernet Gernischt dry red wine by optimal enzyme treatment strategy in winemaking.*Food Chemistry*, 245: 1248-1256.

[177] Synos K, Reynolds A, Bowen A.2015.Effect of yeast strain on aroma compounds in Cabernet franc icewines.*LWT-Food Science and Technology*, 64: 227-235.

[178] Taiji N, Alfonso L, Quesada T K.2008.The new beta-D-glucosidase in terpenoid-isoquinoline alkaloid biosynthesis in *Psychotria ipecacuanha*.*Journal of Biological Chemistry*, 283: 34650-34659.

[179] Tao Y, Liu Y, Li H.2009.Sensory characters of Cabernet Sauvignon dry red wine from Changli county (China) .*Food Chemistry*, 114: 565-569.

[180] Tian C, Zhao J, Guo C, Ma Y.2015.Heterologous expression and characterization of a GH3 beta-glucosidase from *Thermophilic fungi* myceliophthora thermophila in *Pichia pastoris*.*Applied Biochemistry and Biotechnology*, 177: 511-527.

[181] Tong D P, Zhu K X, Guo X N, Peng W, Zhou H M.2018.The enhanced inhibition of water extract of black tea under baking treatment on α-amylase and α-glucosidase.*International Journal of Biological Macromolecules*, 107: 129-136.

[182] Turan Y, Zheng M.2005.Purification and characterization of an intracellular β-glucosidase from the

methylotrophic yeast *Pichia pastoris.Biochemistry*，70：1363-1368.

[183] Uchima C A，Tokuda G，Watanabe H，Kitamoto K，Arioka M.2012.Heterologous expression in *Pichia pastoris* and characterization of an endogenous thermostable and high-glucose-tolerant β-glucosidase from the termite *Nasutitermes takasagoensis.Applied and Environmental Microbiology*，78：4288-4293.

[184] Valcarcel M，Palacios V.2008.Influence of novarom pectinase β-glycosidase enzyme on the wine aroma of four white varieties.*Food Science and Technology International*，14：95-102.

[185] Varghese J N，Hrmova M，Fincher G B.1999.Three-dimensional structure of a barley β-D-glucan exohydrolase，a family 3 glycosyl hydrolase.*Structure*，7：179-190.

[186] Vasserot Y，Arnaud A，Galzy P.1995.Monoterpenol glycosides in plants and their biotechnological transformation.*Acta Biotechnologica*，15：77-95.

[187] Villatte F，Hussein A，Bachmann T，Schmid R.2001.Expression level of heterologous proteins in *Pichia pastoris* is influenced by flask design.*Applied Microbiology and Biotechnology*，55：463-475.

[188] Wang P，Li A，Dong M，Fan M.2014.Induction，purification and characterization of malolactic enzyme from *Oenococcus oeni* SD-2a.*European Food Research and Technology*，239：827-835.

[189] Wang Y，Zhang C，Li J，Xu Y.2013.Different influences of β-glucosidases on volatile compounds and anthocyanins of Cabernet Gernischt and possible reason.*Food Chemistry*，140：245-254.

[190] Warzecha H，Gerasimenko I，Kutchan T M，Stockigt J.2000.Molecular cloning and functional bacterial expression of a plant glucosidase specifically involved in alkaloid biosynthesis. *Phytochemistry*，54：657-666.

[191] Webb B，Sali A.2014.Protein structure modeling with MODELLER.*Methods Mol Biol*，1137：145-159.

[192] Wickramasinghe G H I M，Indika P P A M S，Chandrasekharan N V，Weerasinghe M S S，Wijesundera R L C，Wijesundera W S S.2017.Trichoderma virens β-glucosidase I（BGL I）gene；expression in *Saccharomyces cerevisiae* including docking and molecular dynamics studies.*BMC Microbiology*，17：1-12.

[193] Williams P，Strauss C，Wilson B.1981.Classification of the monoterpenoid composition of Muscat grapes.*American Journal of Enology and Viticulture*，32：230-235.

[194] Willibald S.1984.Hydrolysis of conjugated gibberellins by β-glucosidases from Dwarf Rice（*Oryza sativa* L.cv.Tan-ginbozu）.*Journal of Plant Physiology*，116：123-132.

[195] Wojdyło A，Samoticha J，Chmielewska J.2020.The influence of different strains of *Oenococcus oeni* malolactic bacteria on profile of organic acids and phenolic compounds of red wine cultivars Rondo and Regent growing in a cold region.*Journal of Food Science*，85：1070-1081.

[196] Wu S，Jiang J，Quan L，Ma R，Dong W.2016.Cloning and characterization of ginsenoside-hydrolyzing beta-glucosidase from *Lactobacillus brevis* that transforms ginsenosides Rb1 and F2 into ginsenoside Rd and compound K.*Journal of Microbiology and Biotechnology*，26：1661-1667.

[197] Xia Y，Yang L，Xia L.2018.High-level production of a fungal β-glucosidase with application potentials in the cost-effective production of *Trichoderma reesei* cellulose.*Process Biochemistry*，70：55-60.

[198] Xu J，Qi Y，Zhang J，Liu M，Wei X，Fan M.2019.Effect of reduced glutathione on the quality characteristics of apple wine during alcoholic fermentation.*Food Chemistry*，300：125130.

[199] Xu W，Cao H，Ren G，Xie H，Huang J，Li S.2014.An AIL/IL-based liquid/liquid extraction system for the purification of His-tagged proteins.*Applied Microbiology and Biotechnology*，98：5665-5675.

[200] Xue Y，Song X，Yu J.2009.Overexpression of β-glucosidase from *Thermotoga maritima* for the production of highly purified aglycone isoflavones from soy flour.*World Journal of Microbiology and Biotechnology*，25：2165-2172.

[201] Yadav S，Shruthi K，Prasad B V S，Chandra M S.2016.Enhanced production of β-glucosidase by new strain *Aspergillus protuberus* on solid state fermentation in rice husk.*International Journal of Current Microbiology and Applied Sciences*，5：551-564.

[202] Yang J，Gao R，Zhou Y，Anankanbil S，Li J，Xie G，Guo Z.2018.β-Glucosidase from *Thermotoga naphthophila* RKU-10 for exclusive synthesis of galactotrisaccharides：kinetics and thermodynamics insight into reaction mechanism.*Food Chemistry*，240：422-429.

[203] Yang K，Dai X，Liu MM，Fan MT，Zhang G.2020.Influences of acid and ethanol stresses on *Oenococcus oeni* SD-2a and its proteomic and transcriptional responses.*Journal of the Science of Food and Agriculture*，5：1-12.

[204] Yannick G，Patrick C，Guilhem J，Alain A，Pierre G.1996.A very efficient β-glucosidase catalyst for the hydrolysis of flavor precursors of wines and fruit juices.*Journal of Agricultural and Food Chemistry*，44：2336–2340.

[205] Yannick G，Patrick C，Alain A.2001.Purification and characterization of an intracellular β-glucosidase from a *Candida sake* strain isolated from fruit juices.*Applied Biochemistry and Biotechnology*，95：151-162.

[206] Yao G，Wu R，Kan Q，Gao L，Liu M，Yang P，Du J，Li Z，Qu Y.2016.Production of a high-efficiency cellulase complex via β-glucosidase engineering in *Penicillium oxalicum*.*Biotechnology for Biofuels*，9：1-11.

[207] Yildiz Y，Matern H，Thompson B，Allegood J C，Russell D W.2006.Mutation of β-glucosidase 2 causes glycolipid storage disease and impaired male fertility.*Journal of Clinical Investigation*，116：2985-2994.

[208] Yu，Li，Xiaoyan，Hu，Jingcheng，Sang，Ying，Zhang，Huitu，Fuping.2018.An acid-stable β-glucosidase from *Aspergillus aculeatus*：Gene expression，biochemical characterization and molecular dynamics simulation.*International Journal of Biological Macromolecules*，119：462-469.

[209] Yu L，Hao Z，Li F，Meng X，Chen X，Li X.2012.Effect of isoflavone in red clover on the growth and immune functions，and in the antioxidant indices in ovariectomized rats.*Acta Prataculturae Sinica*，6：1-10.

[210] Zhang F，Zhang X M，Yin Y-R，Li W J.2015.Cloning，expression and characterization of a novel GH5 exo/endoglucanase of *Thermobifida halotolerans* YIM 90462T by genome mining.*Journal of Bioscience and Bioengineering*，120：644-649.

[211] Zhang K，Pei Z，Wang D.2016.Organic solvent pretreatment of lignocellulosic biomass for biofuels and biochemicals：A review.*Bioresour Technol*，199：21-33.

[212] Zhao L，Xie J，Zhang X，Cao F，Pei J.2013.Overexpression and characterization of a glucose-tolerant β-glucosidase from *Thermotoga thermarum* DSM 5069T with high catalytic efficiency of ginsenoside Rb1 to Rd.*Journal of Molecular Catalysis B Enzymatic*，95：62-69.

[213] Zhao N，Zhang Y，Liu D，Zhang J，Qi Y，Xu J，Wei X，Fan M.2020.Free and bound volatile compounds in 'Hayward' and 'Hort16A' kiwifruit and their wines.*European Food Research and Technology*，246：1-16.

[214] Zhao W，Li H，Wang H，Li Z，Wang A.2009.The effect of acid Stress treatment on viability and membrane fatty acid composition of *Oenococcus oeni* SD-2a.*Agricultural Sciences in China*，8：311-316.

[215] Xu Z，Luis E，Lihui Z，Mallikarjun L，David B，Brenda W，Ali M，Chi C，Ming S，Jonathan P，Esen A.2004.Functional genomic analysis of *Arabidopsis thaliana* glycoside hydrolase family 1.*Plant Molecular Biology*，55：343-367.

[216] Zhou Y，Guo L，Gu Z，Yang R，Fang M.2015.Effects of abscisic acid on glucosinolate content，isothiocyanate formation and myrosinase activity in cabbage sprouts.*International Journal of Food Science and Technology*，50：1839-1846.

[217] Zhou C，Qian L，Ma H，Yu X，Zhang Y，Qu W，Zhang X，Xia W.2012.Enhancement of amygdalin activated with β-D-glucosidase on HepG2 cells proliferation and apoptosis.*Carbohydrate Polymers*，90：516-523.

[218] Zhou H，Lei P，Ding Y.2016.Research advance on β-glucosidase of tea plant.*Journal of Tea Science*，36：111-118.

[219] Zhou Y，Zeng L，Gui J，Liao Y，Li J，Tang J，Meng Q，Dong F，Yang Z.2017.Functional characterizations of β-glucosidases involved in aroma compound formation in tea（*Camellia sinensis*）.*Food Research International*，96：206-214.

[220] Zhu Y，Jia H，Xi M，Xu L，Wu S，Li X.2017.Purification and characterization of a naringinase from a newly isolated strain of *Bacillus amyloliquefaciens* 11568 suitable for the transformation of flavonoids.*Food Chemistry*，214：39-46.

附录

附录 1：本书第 2 章中来自酒酒球菌的 35 个 β-葡萄糖苷酶的氨基酸序列

1.KZD14692.1

MSKITSIISGLSLKEKADLVSGKDFWFTAQVSGLDRMMVSDGPSGLRKQA
DASNALGLNKSVVAVNFPSSSLTAASFDRALLQELGRNLGQAAKAERVGILLGP
GINLKRSPLAGRNFEYFSEDPYLTGELASSYVQGVQESGVGVSLKHFAANNRE
DQRFTASSNIDQRSLHELYLSAFEKAVKMARPATIMCSYNAINGTLNSQNQRLLT
QILREEWGFKGLVMSDWGAVSDHVAALKAGLDLEMPGKGNESTSEIIEAVNKG
QLDEKVLERAASRVIQMVEKWQPENKTVISMIWKNSIDLLASLPVKVLFY

2.OLQ41669.1

MLQTRQRVLGIIDGRGPSQADIMLLPEKYSRLGSFGANVTSQDIIRALNDK
QGNYPRRRGIDFYHTYPEDLELMRRMGFKCFRTSFSWSRIFPNGDETEPNEKGL
VFYDKLIDKMLELGMEPIMTISHYEMPINLILKYGGWQDKKIISLFYRFAQTLLK
RYQHKVKYWIVFNQINDVYDWGEFAGLGILKNKTDDSRTNMSKKFQAVHNQF
VANAMIVKYAHEMNSSLKIGGMLGMTPLYGASSNPKDAAAAYYLWRIHDLFFS
DVLSTGSYPGYMLRYFSENNVSIDTTPAELDLIKSNTIDYLSFSYYYSAIVDHRH
PYTVIPNPSLKKSIWCWADDPVGFRYVFDVLWDRYHLPLFVAENGLGAVDKIEN
GEINGSYRISYLSEHIKRMKEALKDGVDILGYASWGPIDIVSYSQAEMSKRYG

3.AAS68345.1

MTMVEFPEGFVWGAATSGPQTEGNFHKQHQNVFDYWFATEPEQFDAGVG
PDTASNFYNDYDHDLALMAQAGVQGLRTSIQWTRLIDDFETASLNADGVAFYN

HVIDSMLAHHITPYINLHHFDLPVALYDKYHGWESKHVVELFVKFAEQCFKLF
GDRVDHWYTFNEPKVVVDGQYLYGWHYPQVINGPKAVQVAYNMNLASAKTV
ARFHELCVRPEQQIGIILNLTPAYAASDDPADLAAAEFAELWSNNLFLDPAVLGH
FPEKLVERLTMDGVLWDATPTELAIIAANPVDCLGVNYYHPFRVQRPDISPKSL
QPWMPDIYFKEYDMPGRMMNVDRGWEIYPQAMTDIARNIQKNYGNIPWMISE
NGMGVAGEERFLDKQGVVQDDYRIDFMKEHLTALAKGIAAGSNCQGYFVWSG
IDCWSWNHAYHNRYGLIRNDIHTQTKTLKKSAKWFAELGERNGF

4.AHI17276.1

QVDASYALGVNKSVVAVNFPSSSLRAACFDRALLKELGRNLRQAAKAERV
RILLGPGINLKRSPLAGRNFEYFSEHPYLTGELASSYVQGVQESGVGVSLKRFA
AFNREDERFTASSNIDQRSLHELYLSAFEKAVKMARPATIMCSYNAINGTLNSQ
NQRLLTQILRDEWGFKGLVMSDWGAVSHHVAALKPGLDLEMPGKGNESS

5.OLQ38400.1

MPSIYVKQLLSEMTLKEKIAQLQQISGDFFGDDGSPITGPLSTYKVSKMQL
YNIGSVLGVSGAENVLKIQREYLKNNRLHIPLIFMADIIHGYKTIFPIPLALGSTW
DPELVKRVAQVSAAEASSSGIDVTFSPMVDLVRDPRWGRVMESTGEDPYLNSLF
AESFVDGYQGKLPVDQKHVAATVKHFAAYGAPEAGREYNTVDMSEWRFREQ
YLPAYQKAIESKALLVMTSFNILFGIPATGNNYLMRKILRKELGFNGVLISDWNA
INEMISHGVASGSEEAAEKAIQAGTDIDMMSFAFLGSLEKLAIKNEEVRNLIDEA
TTRVLSLKETLGLFDDPYRGVETAKEQQIVLSQENLLLAKKAAEEATVLLKNEH
KLLPLDSNNTIALIGSKANTGDLLGNWSWKGDPVSTQTIKSALEDNFDNILFET
GYDIKLGENNLSLNEQALSSAKKQDVILYVAGLSSSQSGEASSMTNISLPKAQL
DLLRKLSKLHKPIITIVITGRPLDLTEVDHLSDAILLPWFPGTAGALAIADIVSGK
TNPTGRLSMTFPKSVGQIPIYYNHYNTGRPLTETLEDRNNAYLSKYIDSSNDPLY
PFGFGLSYSDYNLKNLQLSKKEFTVDESITASVMVENNSKIAGTATVQWYIRDL
VGEVVRPVKELKHFQRVQLGAAAKETVFFTISKGDLTYVHSDFTQSSDAGIFKL
FVGFSSQTELETSFLFKN

6.OIK96468.1

MLQTRQRVLGIIDGRGPSQADIMLLPEKYSRLGSFGANVTSQDIIRALND
KQGNYPRRRGIDFYHTYPEDLELMRRMGFKCFRTSFSWSRIFPNGDETEPNEK
GLVFYDKLIDKMLELGMEPIMTISHYEMPINLILKYGGWQDKKIISLFYRFAQT

LLKRYQHKVKYWIVFNQINDVYDWGEFAGLGILKNKTDDSRTNMSKKFQAV
HNQFVANAMIVKYAHEMNSSLKIGGMLGMTPLYGASSNPKDAAAAYYLWRI
HDLFFSDVLSTGSYPGYMLRYFSENNVSIDTTPAELDLIKSNTIDYLSFSYYYSA
IVD

7.OIK79570.1

MLQTRQRVLGIIDGRGPSQADIMLLPEKYSRLGSFGANVTSQDIIRALNDK
QGNYPRRRGIDFYHTYPEDLELMRRMGFKCFRTSFSWSRIFPNGDETEPNEKGL
VFYDKLIDKMLELGMEPIMTISHYEMPINLILKYGGWQDKKIISLFYRFAQTLLK
RYQHKVKYWIVFNQINDVYDWGEFAGLGILKNKTDDSRTNMSKKFQAVHNQF
VANAMIVKYAHEMNSSLKIGGMLGMTPLYGASSNPKDAAAAYYLWRIHDLFFS
DVLSTGSYPGYMLRYFSENNVSIDTTPAELDLIKSNTIDYLSFSYYYSAIVDHRH
PYTVIPNPSLKKSIWCWADDPVGFRYVFDVLWDRYHLPLFVAENGLGAVDKIEN
GEINGSYRISYLSEHIKRMKEALKDGVDILGYASWGP

8.OIK70803.1

MLQTRQRVLGIIDGRGPSQADIMLLPEKYSRLGSFGANVTSQDIIRALNDK
QGNYPRRRGIDFYHTYPEDLELMRRMGFKCFRTSFSWSRIFPNGDETEPNEKGL
VFYDKLIDKMLELGMEPIMTISHYEMPINLILKYGGWQDKKIISLFYRFAQTLLK
RYQHKVKYWIVFNQINDVYDWGEFAGLGILKNKTDDSRTNMSKKFQAVHNQF
VANAMIVKYAHEMNSSLKIGGMLGMTPLYGASSNPKDAAAAYYLWRIHDLFFS
DVLSTGSYPGYMLRYFSENNVSIDTTPAELDLIKSNTIDYLSFSYYYSAIVDHRH
PYTVIPNPSLKKSIWCWADDPVGFRYVFDVLWDRYHLPLFVAENGLGAVDKIEN
GEINGSY

9.KZD14691.1

MIGQLAEKPRYQGSGSAHVNAFNTTTPLKVVQDILPKTAYQAGYQIDSDQ
IDQQAEQAAVDLAKQADQVVVFSGFPSSYESEGFDKKTISLPDNQNHLIERLAA
VNKKIIVVLENGLALEMPWVGQVEAIVETYLAGEAVGEATWDILFGRVNPSGK
LAESFPIKLADNPTYLTFNADRKNENYHEGLFVGYRYYDKKKQEVLFPFGHGL
SYTTFEYRKLELLKSDHEVTVSFEIKNTGSVAGKETAQIYLSNQTSEIEKPLKEL
KGFAKVSLNPGQTKQVEIVLDKRSFSWYNPETDKWQVDNGSYQIQLAASSRDI
RLTKNLLIDWSENKVQALSPDSYLSDILKEQAFKAPLKESGLDKLLEQLAGDEN
NQAILTNMPLRALMMMGVSNHQIQQFIKLANQS

10.ANW37852.1

TSRAQTEGNFHKQHQNVFDYWFATEPEQFDAGVGPDTASNFYNDYDHDL
ALMAQAGVQGLRTSIQWTRLIDDFETASLNADGVAFYNHVIDSMLAHHITPYIN
LHHFDLPVALYDKYHGWESKHVVELFVKFAEQCFKLFGDRVDHWYTFNEPKV
VVDGQYLYGWHYPQVINGPKAVQVAYNMNLASAKTVARFHELCVRPEQQIGII
LNLTPAYAASDDPADLAAAEFAELWSNNLFLDPAVLGHFPEKLVERLTMDGVLW
DATPTELAIIAANPVDCLGVNYYHPFRVQRPDISPKSLQPWMPDIYFKEYDMPG
RMMNVDRGWEIYPQAMTDIARNIQKNYGNIPWMISENGMGVAGEERFLDKQG
VVQDDYRIDFMKEHLTALAKGIAAGSNCQGYFVWSGIDCWSWNHAFHNRYGL
IRNDIHTHTK

11.KGH62263.1

MKRNNYPFFPSNFLWGGAQAASQADGAYLEDDKGLNSSDVQPYFKGLFN
QKIQELETQGMKLEQVKSNIKDTEGYYPKRFGIDFYNSYPEDLRLLAGMGFKT
FRTSLDWSRIFPNRDDEIPNESALKHYGQMLDCMLDLGIEPIITMNHYETPVNIT
VKYGGWPNRKVISMFEKFGKLLLDGFGNKVKYWIVVNQINLIQTEPFLSAGVC
VDQYQNEEEAIYQAVHNQMVAAAWIQKYAKSLHDNNIHIGTMIADSTVYPASC
RPDDIVLAMRQNRLQYFFTDVQFLGYYPAYAKNYFSDKRIKLDIRDEDKELLQ
DNPMDFLAISYYYSKMVDASKNKYRPSDTSKNPYLKENPWGWSVDPQGLYN
MLSQYWDRYHKPIIIAENGIGMYDKVENGKIQDPYRSEYLGQHIEQVGRAIHD
GAKVIAYCAWAPIDIVSCSSQQMSKRYGFVYVDRDDEGNGSGKRLLKDSYYW
YKNVVSSNGKQI

12.SYW15136.1

MSKITSIISGLSLKEKADLVSGKDFWFTAQVSGLDRMMVSDGPSGLRKQA
DASDALGLNKSVVAVNFPSSSLTAASFDRALLQELGRNLGQAAKAERVGILLGP
GINLKRSPLAGRNFEYFSEDPYLTGELASSYVQGVQGVQESGVGVSLKHFAAN
NREDQRFTASSNIDQRSLHELYLSAFEKVVKMARPATIMCSYNAINGTLNSQNQ
RLLTQILREEWGFKGLVMSDWGAVSDHVAALKAGLDLEMPGKGNESTSEIIEA
VNKGQLDEKVLERAASRVIQMVEKWQPENKTVISYDLEKQHRFARQLAGESIV
LLKNEQQLLPLKSNQSLAVIGQLAEKPRYQGSGSAHVNAFNTTTPLKVVQDILP
KTAYQAGYQIDSDQIDQQAEQAAVDLVKQADQVVVFAGFPSSYESEGFDKKTIS
LPDNQNHLIERLAAVNKKIIVVLENGSALEMPWVGQVEAIVETYLAGEAVGEAT

WDILFGRVNPSGKLAESFPIKLADNPTYLTFNADRKNENYHEGLFVGYRYYDK
KKQEVLFPFGHGLSYTTFEYRKLELLKSDHEVTVSFEIKNTGSVAGKETAQIYIS
NQTSEIEKPLKELKGFAKVSLNPGQTKQVEIVLDKRSFSWYNPETDKWQVDNG
SYQIQLAASSRDIRLTKNLLIDWSENKRQALSPDSYLSDILKEQAFKAPLKESGL
DKLLEQLAGDENNQAILTNMPLRALMMMGVSNHQIQQFIKLANQS

13.SYW12717.1

MEKNIKKLISKMTLDEKASLSGGGSFWRTKGFPKYGIPEMMLTDGPHGLR
KQDETPDHLGMNESIPSTCFPTAAGLACSWNRGLIKEVGTAIGEEAQTEGVQFV
LGPGANIKRSPLCGRNFEYYSEDPYLSSQLAANHIQGIQSQGISASLKHFAVNNQ
ETNRFNIDAVVDERTLREIYLASFEGAVIEGRPWTVMAAYNKINGVFCSQNKRL
LTDILRKEWGFKGFVVSDWFAVSERDKALEAGLDLEMPISAGVGKSKIIDAIKK
GSLSETTLDASIERILRVIFKISDLKRNGISYNKKNHHSLAKKAALESMVLLKNE
DKVLPLSKKGKIAIIGPFAKKPRYQGAGSSRINPNQLDIPFDQIKKLAPDAEITYS
QGYSLENSDQEVNDGLISEAVEVSQKSDVTVIFAGLPEMYDMEGRDRKDLKLP
SLQNTLIDQVCKVQKKTVVVLTNGSAVEMPWINDVKGVFESYLGGEAMADAL
ADLLFGENNPSGKLAETFPKQLNQTPSFINFPGEKDKVEYREGLFVGYRHYDKI
GIEPLFPFGYGLSYTDFKYSNIQVDKRKLLDTQELQVSIKVKNIGKRTGKEIVQL
YVKENNSSVIRPLKELKAFKKVELEPDEEKSVRFTLGKRAFAYYDVSLHDWHV
KSGKFEILVGKSSRDILLNETISVESTVKLKKKYTLDSTIADVMHEPAAQAIVSMI
ISSTERSNTDSLGIDRESVLGGIKLSSLVAISQGKYTQMKLNNLIKSLNKN

14.SYW05250.1

MENSKLKKLLDDMSLEEKIGQMVQLSGEFFNNDDNVVTGPRKKLGISKK
QVFLAGSVLNVVGAKKTHQLQEEYLKHSPHKIPLLFMSDIIYGLKTVYPIPLGM
GATWNPSLIEKAYQNTAAEAYASGNQVSFAPMVDLVHDARWGRVLESTGEDPY
LNSLFAASMVKGFQKDLGKNRGIASCIKHFAAYGAVESGREYNSVDMSERRLK
QEYLPSYKAAVDAGVEMVMASFNTLNGIPATGNKWLLKNILREEWGFNGILIS
DYAAINELVAHGFAESQQQAAKLAVEATVDIDMQSSAYVNELKSLIENGLLNVE
KINDAVWRVLLLKNKLGLFEDPYRGANEKIEEKSLLTPKKRQLAREVADKAIVL
LKNKDDLLPLNKHSSVALIGPYADEHELLGLWAVHGDRKESVTINQAFSEVIES
KHLSVAKGTNILDDRTMLKGFGLSDESIDKMLLTDTQKETEHEKAISAAKKSDV
VVMAVGEHTLESGEAGSRTDITLPYQQKQLIHDIANLGKKIVLVLISGRPLVLTD

VINDVDAVIEAWFPGTEGGHAIADVVFGDVNPSGRLSMTFPYNVGQEPIYYNEL
STGRSVKTSKHSSRFMSRYIDAPVTPLFPFGYGLSYHRAIYSNLNVNKNKFSSD
ESIKATVDIENNSYYSGIETVQLYIQDMFASVVQPEKNLKAFQQIYLSAHEKRRV
TFTINVEMLKFYNTNLDYIAEPGDFKLYIGKNSQDVLETNFTLLG

15.SYW07910.1

MSEWRFREQYLPAYQKAIESKALLVMTSFNILFGIPATGNNYLMRKILRKE
LGFNGVLISDWNAINEMISHGVASGSEEAAEKAIQAGTDIDMMSFAFLGSLEKL
AIKNEEVRNLIDEATTRVLSLKETLGLFDDPYRGVETAKEQQIVLSQENLLLAK
KAAEEATVLLKNEHKLLPLDSNNTIALIGSKANTGDLLGNWSWKGDPVSTQTI
KSALEDNFDNILFETGYDIKLGENNLSLNEQALSSAKKQDVILYVAGLSSSQSGE
ASSMTNISLPKAQLDLLRKLSKLHKPIITIVITGRPLDLTEVDHLSDAILLPWFPG
TAGALAIADIVSGKTNPTGRLSMTFPKSVGQIPIYYNHYNTGRPLTETLEDRNNA
YLSKYIDSSNDPLYPFGFGLSYSDYNLKNLQLSKKEFTVDESITASVMVENNSKI
AGTATVQWYIRDLVGEVVRPVKELKHFQRVQLGAAAKETVFFTISKGDLTYVH
SDFTQSSDAGIFKLFVGFSSQTELETSFLFKN

16.TEU62513.1

MYKSSYPKTFPENFLWGGATAANQIEGAWNIDGKGLSTAEVVRKSEDRHQ
MSMDDVTRESLKNALLDQTDQYYPKRRGIDFYHRYKEDIKLFAEMGFKVFRFS
MAWSRIFPTGEDEKPNEAGLNFYDCVLSELEKYNIEPLVTLSHYEMPIALTEKY
NGWSKRQTITAFNLFTGTVFKRFKGRVRYWLTFNEINTGTWGFHETGAIDGNL
SKEDQLQIRYQCLHHQFVASAIATKQLREIDPKAKIGCMLARMQTYPSTPNPKD
VRAAQLEDEKNLFFTDVQARGEYPEYMNRYLAENNVEIKMENDDQNIISKYTV
DFVSFSYYMTTVTEANGKEQANGNMATGGRNPYLKESDWGWQIDPIGLRITL
NAMWDRYRKPLFIVENGIGALDKLDKGRIHDSYRIDYLRQHIEQMKEAISDGV
DLLGYTMWGPIDLISFSTSEMSKRYGFIYVDQDDSGKGTLDRIKKDSFYWFKK
VIASNGEDLS

17.TEU62033.1

MVALSLLITESEYISHGRIKEGFFWGNSTSSMQTEGAWNEGGKGMSVYDI
KPSGPDNSDWKVAIDEYHRYPEDVNIMQNLGMNFYRFQISWSRVQPEGEGDFN
QTGIDFYNRLIDNLLKAGIEPMICLYHFDMPLALAKKYNGFLNQKVVSAFFEYA
KKMIEKFGDRVKYWITFNEQNCFSLNSAFESSGYLTGKKTLRELYQIQHNTILA

HCLVANYIHQSKPDLKIGGMEAFQEAYPYSPLPTDVEVTRKYKEFVDYNLLRVF
VEGKYSTEVIGFMKENHLEDILKPSDLLEIGNNRSDFISFSYYTTSTLDSSQIPVG
SIPNYYGQMGYKKNPYLLSNEWGWQIDPQGFYGILIDLYNRTHLPIFPIENGIGV
RENWDGQNQIDDSYRVQYHRSHIRALKKAVRDGANVIGYLGWGLIDIPSSKGN
VDKRYGVVYVNRTNHEILDLKRVPKKSYYWLQKVIKSNGTEL

18.TEU59707.1

MGELKKGFFWGNSTSSMQTEGAWNEGGKGMSVYDIKPSGPDNSDWKVA
IDEYHRYPEDVNIMQNLGMNFYRFQISWSRVQPEGEGDFNQTGIDFYNRLIDNL
LKAGIEPMICLYHFDMPLALAKKYNGFLNQKVVSAFFEYAKKMIEKFGDRVKY
WITFNEQNCFSLSSAFESSGYLTGKKTLRELYQIQHNTILAHCLVANYIHQSKPD
LKIGGMEAFQEAYPYSPLPTDVEVTRKYKEFVDYNLLRVFVEGKYSTEVIGFM
KENHLEDILKPSDLLEIGNNRSDFISFSYYTTSTLDSSQIPVGSIPNYYGQMGYK
KNPYLLSNEWGWQIDPQGFYGILIDLYNRTHLPIFPIENGIGVRENWDGQNQID
DSYRVQYHRSHIRALKKAVRDGANVIGYLGWGLIDIPSSKGNVDKRYGVVYV
NRTNHEILDLKRVPKKSYYWLQKVIKSNGTKL

19.OLQ37381.1

MTEFPKNFLWGGATAANQLEGAYDEDGKGLSIADVLPGGPKRFEIVN
QPDFDWTIDKNKYRYPNHEGIDHYHRYKEDIKLFAEMGFKCYRFSIAWSR
IFPNGDDKEPNEAGLKFYDNVIAECLKYDIQPVLTISHYEMPLNLVKNYGG
WKNRKLIDFYERYASVVLHRYAKSVKYWMTFNEINSALHFPVMGQGLVKS
NGADDMQNIYQAWHNQFVAGAKAVKIAHEIRPDIMIGCMLLYATTYAYDA
NPVNQLAALKENQAFNHFCGDVQVRGTYPAYTESVMNRYGFSFKDLEVT
DADLKVLKENPVDYIGFSYYMSTAVNVTDKKLATAKGNLVGGVKNPFLEA
SDWGWQIDPTGLRIALNELYNRYQKPVFVVENGLGAIDKPDKNNFVQDDY
RIDYLRKHIEAIGGAVEDGVDVMGYTPWGCIDLVSASTGQMSKRYGFIYVD
LDDEGHGTLNRYKKASFNWYKNVIATNGKEL

20.OLQ32724.1

MTEFPKNFLWGGATAANQLEGAYDEDGKGLSIADVLPGGPKRFEIVNQPD
FDWTIDKNKYRYPNHEGIDHYHRYKEDIKLFAEMGFKCYRFSIAWSRIFPNGDD
KEPNEAGLKFYDNVIAECLKYDIQPVLTISHYEMPLNLVKNYGGWKNRKLIDF
YERYASVVLHRYAKSVKYWMTFNEINSALHFPVMGQGLVKSNGADDMQNIYQ

AWHNQFVAGAKAVKIAHEIRPDIMIGCMLLYATTYAYDANPVNQLAALKENQT
FNHFCGDVQVRGTYPAYTESVMNRYGFSFKDLEVTDADLKVLKENPVDYIGFS
YYMSTAVNVTDKKLATAKGNLVGGVKNPFLEASDWGWQIDPTGLRIALNELY
NRYQKPVFVVENGLGAIDKPDKNNFVQDDYRIDYLRKHIEAIGGAVEDGVDVM
GYTPWGCIDLVSAST

21.KZD13503.1

MIEKFGDRVKYWITFNEQNCFSLSSAFESSGYLTGKKTLRELYQIQHNTILA
HCLVANYIHQSKPDLKIGGMEAFQEAYPYSPLPTDVEVTRKYKEFVDYNLLRVF
VEGKYSTEVIGFMKENHLEDILKPSDLLEIGNNRSDFISFSYYTTSTLDSSQIPVG
SIPNYYGQMGYKKNPYLLSNEWGWQIDPQGFYGILIDLYNRTHLPIFPIENGIGV
RENWDGQNQIDDSYRVQYHRSHIRALKKAVRDGANVIGYLGWGLIDIPSSKGN
VDKRYGVVYVNRTNHEILDLKRVPKKSYYWLQKVIKSNGTEL

22.WP_032821318.1

MYKSSYPKTFPENFLWGGATAANQIEGAWNIDGKGLSTAEVVRKSEDRHQ
MSMDDVTRESLKNALLDQTDQYYPKRRGIDFYHRYKEDIKLFAEMGFKVFRFS
MAWSRIFPTGEDEKPNEAGLNFYDCV

23.WP_129559089.1

YHRYKEDIKLFAEMGFKCYRFSIAWSRIFPNGDDKEPNEAGLKFYDNVIAE
CLKYDIQPVLTISHYEMPLNLVKNYGGWKNRKLIDFYERYASVVLHRYAKSVK
YWMTFNEINSALHFPVMGQGLVKSNGADDMQNIYQAWHNQFVAGAKAVKIA
HEIRPDIMIGCMLLYATTYAYDANPVNQLAALKENQAFNHFCGDVQVRGTYPA
YTESVMNRYGFSFKDLEVTDADLKVLKENPVDYIGFSYYMSTVVNVTDKKLAT
AKGNLVGGVKNPFLEASDWGWQIDPTGLRIALNELYNR

24.WP_129558872.1

HYEMPLNLVKNYGGWKNRKLIDFYERYASVVLHRYAKSVKYWMTFNEIN
SALHFPVMGQGLVKSNGADDMQNIYQAWHNQFVAGAKAVKIAHEIRPDIMIGC
MLLYATTYAYDANPVNQLAALKENQAFNHFCGDVQVRGTYPAYTESVMNRYG
FSFKDLEVTDADLKVLKENPVDYIGFSYYMSTVVNVTDKKLATAKGNLVGGV
KNPFLEASDWGWQIDPTGLRIALNELYNRYQKPVFVVENGLGAIDKPDKNN

25.WP_129558864.1

MTEFPKNFLWGGATAANQLEGAYDEDGKGLSIADVLPGGPKRFEIVNQPD

FDWTIDKNKYRYPNHEGIDHYHRYKEDIKLFAEMGFKCYRFSIAWSRIFPNGDD
KEPNEAGLKFYDNVIAECLKYDIQPVLTISHYEMPLNLVKNYGGWKNRKLIDFYE
RYASVVLHRYAKSVKYWMTFNEINSALHFPVMGQGLVKSNGADDMQNIYQAWH
NQFVAGAKAVKIAHEIRPDIMIGCMLLYATTYAYDANPVNQLAALKENQAFN

26.SYW03805.1

MVNTYKMPNNFLWGGAIAANQAEGAFDVDDKGISLADVHKFYADKSNS
EIQNLQHQGMTRQQVLDNIQDDEGYYPKRHGIDFYHSYPEDLELLSQMGFKTF
RTSIDWTRIFPTGEEDEPNETGLEYYDHLIDKIISLGMVPIITMLHYETPINITLKY
GGWNNREVIPLFAKYGKVLLQRFQNKVKYWILINQINLIQFEPFNSTGICYDQV
DDFLEARYQAVHNQFVASAEIVHFAKSLESDLKMGTMTADCTAYPFSCDPKDV
VLTLKRNRMQYFYTDVQLRGEYPQYALNYFQEQDIDLEIQESDKKLLKENPMD
FLAISYYYSQTISASKDSMDPTSVEKNPYIKANPWGWGVDPLGLYNSLSQYWD
RYQVPMMIAENGFGMYDKLENNDTVHDPYRISYLAGHIAEMERAMRDGVNV
FAYCAWAPIDIVSCSSAQMSKRYGFVYVDLDDQGQGSGRRIKKDSFNWYRKVI
LSNGADLGENFFS

27.EFD88180.1

MRELYQIQHNTILAHCLVANYIHQSKPDLKIGGMEAFQEAYPYSPLPTDVE
VTRKYKEFVDYNLLRVFVEGKYSTEVIGFMKENHLEDILKPSDLLEIGNNRSDF
ISFSYYTTSTLDSSQIPVGSIPNYYGQMGYKKNPYLLSNEWGWQIDPQGFYGILI
DLYNRTHLPIFPIENGIGVRENWDVQNQIDDSYRVQYHRSHIRALKKAVRDGAN
VIGYLGWGLIDIPSSKGNVDKRYGVVYVNRTNHEILDLKRVPKKVITGFRK

28.WP_080485303.1

MVNTYKMPNNFLWGGAIAANQAEGAFDVDDKGLSLADVHKFYADKSNS
EIQNLQHQGMTRQQVLDNIQDDEGYYPKRHGIDFYHTYPEDLELLSQMGFKTF
RTSIDWTRIFPTGEEDEPNEAGLEYYDHLIDKIISLGMVPIITMLHYETPINITLKY
GGWNNREVIPLFVKYRKILLQRFQNKVKYWILINQINLIQFEPFNSTGICYDQV
DDFLEARYQAVHNQFVASAEIVHFAKSLESDLKMGTMTADCTAYPFSCDPKDV
VLTLKRNRMQYFYTDVQLRGEYPQYALNYFQEQDIDLEIQESDKKLLKENPMD
FLAISYYYSQTISASKDSMDPTSVEKNPYIKANPWGWGVDPLGLYNSLSQY

29.PDH90918.1

MQTEGAWNEGGKGMSVYDIKPSGPDNSDWKVAIDEYHRYPEDVNIMQNS

GMNFYRFQISWSRVQPEGEGDFNQTGIDFYNRLIDNLLKAGIEPMICLYHFDMP
LALAKKYNGFLNQKVVSAFFEYAKKMIEKFGDRVKYWITFNIHLHP

30 KMQ38888.1

MNFQRIFLWGGATAANQLEGAYDEDGKGLSIADVLPGGPKRFEIVNQ
PDFDWTIDKNKYRYPNHEGIDHYHRYKEDIKLFAEMGFKCYRFSIAWSRIF
PNGDDKEPNEAGLKFYDNVIAECLKYDIQPVLTISHYEMPLNLVKNYGGW
KNRKLIDFYERYASVVLHRYAKSVKYWMTFNEINSALHFPVMGQGLVKSN
GADDMQNIYQAWHNQFVAGAKAVKIAHEIRPDIMIGCMLLYATTYAYDAN
PVNQLAALKENQAFNHFCGDVQVRGTYPAYTESVMNRYGFSFKDLEVTDA
DLKVLKENPVDYIGFSYYMSTVVNVTDKKLATAKGNLVGGVKNPFLEASD
WGWQIDPTGLRIALNELYNRYQKPVFVVENGLGAIDKPDKNNFVQDDYRID
YLRKHIEAIGGAVEDGVDVMGYTPWGCIDLVSASTGQMSKRYGFIYVDLDD-
EGHGTLNRYKKASFNWYKNVIATNGKEL

31.ABJ57423.1

MSKITSIISGLSLKEKADLVSGKDFWFTAQVSGLDRMMVSDGPSGLRKQA
DASNALGLNKSVVAVNFPSSSLTAASFDRALLQELGRNLGQAAKAERVRILLGP
GINLKRSPLAGRNFEYFSEDPYLTGELASSYVQGVQESGVGVSLKRFAANNRED
QRFTASSNIDQRSLHELYLSAFEKAVKMARPATIMCSYNAINGTLNSQNQRLLTQ
ILREEWGFKGLVMSDWGAVSDHVAALKAGLDLEMPGKGNESTSEIIEAVNKGQ
LDEKVLERAASRVIQMVEKWQPENKTVISYDLEKQHRFARQLVGESIVLLKNE
QQLLPLKSNQSLAVIGQLAEKPRYQGSGSAHVNAFNTTTPLKVVQDILPKTAYQ
AGYQIDSDQIDQQAEQAAVDLAKQADQVVVFSGFPSSYESEGFDKKTISLPDNQ
NHLIERLAAVNKKIIVVLENGSALEMPWVGQVEAIVETYLAGEAVGEATWDILF
GRVNPSGKLAESFPIKLADNPTYLTFNADRKNENYHEGLFVGYRYYDKKKQEV
LFPFGHGLSYTTFEYRKLELLKSDHEVTVSFEIKNTGSVAGKETAQIYLSNQTSE
IEKPLKELKGFAKVSLNPGQTKQVEIVLDKRSFSWYNPETDKWQVDNGSYQIQ
LAASSRDIRLTKNLLIDWSENKVQALSPDSYLSDILKEQAFKAPLKESGLDKLLE
QLAGDENNQAILTNMPLRALMMMGVSNHQIQQFIKLANQS

32.ABJ56211.1

MNKLFLPKNFLWGGAVAANQLEGGWDQDNKGLSVADIMTAGANGK
AREITDGIVKGKYYPNHEAIDFYHRYKEDIKLFAEMGFKCFRTSIAWTRIFP

NGDEEQPNEAGLKFYDQLFDECHKYGIEPVITLSHFEMPYHLVKAYGGWR

NRKLIDFFVRFAKTVFKRYKDKVSYWMTFNEIDNQTDYTNRFLMATNSGL

ILKNDQSDAESLMYQAAHYELVASALAVKLGHSINPNFQIGCMINMTPVYP

ASSKPADIFQAEKAMQRRYWFSDIHALGKYPENMEVFLKQNNFRPDITSE

DRIVLKEGTVDYIGLSYYNSMTVQSKESNPGFHFIGPELTVDNPNVEKSDW

GWPIDPLGLRYSLNWLADHYHKPLFIVENGLGAYDKVENSQQIHDPYRIAY

LKAHIQAMIDAVQEDGVKVIGYTPWGCIDLVSAGTGQMSKRYGFIYVDKD-

DQGKGSLKRLKKDSFFWYQQVIQSNGSQLD

33.ABJ57102.1

MQTEGAWNEGGKGMSVYDIKPSGPDNSDWKVAIDEYHRYPEDVNIMQN

LGMNFYRFQISWSRVQPEGEGDFNQTGIDFYNRLIDNLLKAGIEPMICLYHFDM

PLALAKKYNGFLNQKVVSAFFEYAKKMIEKFGDRVKYWITFNEQNCFSLSSAF

ESSGYLTGKKTLRELYQIQHNTILAHCLVANYIHQSKPDLKIGGMEAFQEAYPY

SPLPTDVEVTRKYKEFVDYNLLRVFVEGKYSTEVIGFMKENHLEDILKPSDLLEI

GNNRSDFISFSYYTTSTLDSSQIPVGSIPNYYGQMGYKKNPYLLSNEWGWQIDP

QGFYGILIDLYNRTHLPIFPIENGIGVRENWDGQNQIDDSYRVQYHRSHIRALKK

AVRDGANVIGYLGWGLIDIPSSKGNVDKRYGVVYVNRTNHEILDLKRVPKKSY

YWLQKVIKSNGTEL

34.ABJ56314.1

MSEGIQMPKGFLWGGAVAAHQLEGGWNEGGKGVSIADVMTAGAKG

VARRVTDSVEDGEIYPNHWGNDFYHKYPEDIKLFAELGLKCFRTSIAWTRIF

PNGDETEPNEAGLKFYDDMFDECLKYGIQPVITLSHFEMPYHLVKEYGGW

SNRKMIEFFDRFAEVCFKRYKDKVKYWMTFNEINNQTDWPDPHPLLQNSG

LQLDKNDNWEEEMFQAAHYEFVASADAVQIAHRIDPSLQVGSMIAMCPIY

PLTSKPADIMKAERAMQYRYYFGDVQSLGFYPEWIQKYWARKGYNLDISA

SDLATIKAGTVDYVGFSYYMSFATKAHEGETHFDYDEHDDLVSNPYVEKSD

WGWQIDPVGLRYAMNWMTTRWHKPLFIVENGFGAYDKVEDDGSIHDPYRI

QYFHDHILQMEKAVKEDGVQLLGYTPWGHIDLVSASTGEMKKRYGMIYVD

EDDEGHGSLKRSKKDSFYWYKKVIESNGKDLDI

35.ABJ56315.1

MTETTKSGLRKDFLWGGAVAANQLEGAWDVDGKGVSVSDIMTAGAYQK

PREITDGIIAGKNYPNHEAIDFYHHYKDDIKMFAEMGFKCFRTSIAWTRIFPNGD
ETEPNEAGLKFYDDMFDECLKYGIEPVITLSHFEMPYHLVTEYGGWRNRKVID
FFVKFATVCFKRYKDKVKYWMTFNEINNQTTFTNDFSIATDSGLIFRNKESEAE
REALMYQASHYEVVASALAVKIGHKINPDFEIGNMVNFTPVYPASSDPKDILLA
EKAMQRRYWWADVQALGEYPVGMEAYFKNHDLRPDITAEDRVVLREGTVDY
VGFSYYNSMTVKYSDDNPEFKFVGDREAVKNPNLKYNDWGWPVDPVGLRYS
MNWLTEHYHKPVMIVENGFGAYDKVESDGSIHDDYRVDYLRAHVKQMITAVN
EDGVDLMGYTPWGCIDLVSAGTGQMSKRYGFIYVDKDDEGNGTLERSKKDSF
YWYQKVIRSNGLDLD

附录 2：本书中所用试剂的配制

IPTG 贮备液（100 mmol/L）：称取 0.24 g IPTG 溶于 10 mL 超纯水，0.22 μm 滤膜过滤除菌，−20℃保存，使用时按照工作浓度进行添加。

X-Gal 贮备液（20 mg/mL）：称取 20 g X-Gal 溶于 10 mL DMF，0.22 μm 滤膜过滤除菌，−20℃避光保存，使用时按照工作浓度进行添加。

Amp 贮备液（100 mg/mL）：称取 0.10 g Amp 溶于 10 mL 超纯水，0.22 μm 滤膜过滤除菌，−20℃保存，使用时按照工作浓度进行添加。

Kana 贮备液：称取 1 g Kana 溶于 10 mL 超纯水，经 0.22 μm 水系滤膜过滤除菌，−20℃保存，使用时按照工作浓度进行添加。

琼脂糖电泳缓冲液贮备液（50×TAE）：量取 Tris 242 g，冰乙酸 57.1 mL，浓度为 0.5 mol/L 的 EDTA（pH = 8.0）溶液 100 mL，加超纯水至 5 L，使用时稀释 50 倍。

平衡缓冲液：50 mmol/L 磷酸三钠，300 mmol/L 氯化钠，20 mmol/L 咪唑，调 pH 值为 7.4。

洗涤缓冲液：50 mmol/L 磷酸三钠，300 mmol/L 氯化钠，40 mmol/L 咪唑，调 pH 值为 7.4。

洗脱缓冲液：50 mmol/L 磷酸三钠，300 mmol/L 氯化钠，300 mmol/L 咪唑，调 pH 值为 7.4。

再生缓冲液：20 mmol/L MES，0.3 mol/L 氯化钠，调 pH 值为 5.0。

附录3：缩略词表

英文缩写	英文全称	中文名称
GH	glycosyl hydrolase	糖苷水解酶
PI	isoelectric point	等电点
MW	molecular weight	分子量
DNA	deoxyribonucleic acid	脱氧核糖核酸
AMP	ampicillin	氨苄霉素
Kana	kanamycin	卡那霉素
IPTG	isopropyl β-D-Thiogalactoside	异丙基硫代半乳糖苷
EDTA	ethylene diamine tetraacetic acid	乙二胺四乙酸
SDS	sodium dodecyl sulfate	十二烷基硫酸钠
CTAB	hexadecyl trimethyl ammonium bromide	十六烷基三甲基溴化铵
DMSO	dimethyl sulfoxide	二甲基亚砜
RMSD	root mean square deviation	均方根方差
RMSF	root mean square fluctuation	均方根涨落
Rg	radius of gyration	回转半径
PCR	polymerase chain reaction	聚合酶链式反应
DTT	DL-dithiothreitol	二硫苏糖醇
p-NPG	p-nitrophenyl β-D-glucopyranoside	对硝基苯基 β-D-吡喃葡萄糖苷
p-NP	p-nitrophenyl	对硝基苯酚
PMSF	ohenylmethanesulfonyl fluoride	苯甲基磺酰氟
PCA	principal component analysis	主成分分析
PLSR	partial least squares regression	偏最小二乘回归分析
GC-MS	gas chromatography-mass spectrometer	气相色谱-质谱联用
GST	glutathione S-transferase	谷胱甘肽 S 转移酶
SDS-PAGE	SDS- polyacrylamide gel electrophoresis	聚丙烯酰胺凝胶电泳
NMR	nuclear magnetic resonance	核磁共振
MES	2-（4-morpholino）ethanesulfonic acid	2-吗啉乙磺酸
DMF	N,N-dimethylformamide	二甲基甲酰胺